绢云母-方解石-萤石矿浮选抑制剂的作用与实践

张谌虎 著

北 京
冶 金 工 业 出 版 社
2022

内 容 提 要

本书是作者基于多年从事萤石矿高效分离回收利用中浮选抑制剂研发方面所取得的研究成果编写而成的，主要内容是针对绢云母-方解石-萤石矿的浮选行为进行系统的分析，重点介绍绿色大分子抑制剂的作用机理、表面产物的生成机制及基于理论研究成果开发出两段抑制短流程的浮选新工艺，取得了生产技术上和经济上的成功，并且浮选加酸浸的后续工艺为解决萤石矿物未来更难、指标更低的问题，提供了全面的技术方案。

本书可供矿物加工工程非金属选矿领域的研究人员、生产技术人员阅读，也可供大学相关专业师生参考。

图书在版编目(CIP)数据

绢云母-方解石-萤石矿浮选抑制剂的作用与实践/张谌虎著. —北京：冶金工业出版社，2022. 10

ISBN 978-7-5024-9272-4

Ⅰ. ①绢… Ⅱ. ①张… Ⅲ. ①萤石矿床—浮选药剂—研究 Ⅳ. ①TD971

中国版本图书馆 CIP 数据核字（2022）第 172014 号

绢云母-方解石-萤石矿浮选抑制剂的作用与实践

出版发行	冶金工业出版社	**电　话**	(010)64027926
地　址	北京市东城区嵩祝院北巷 39 号	**邮　编**	100009
网　址	www. mip1953. com	**电子信箱**	service@ mip1953. com

责任编辑　郭雅欣　美术编辑　燕展疆　版式设计　郑小利

责任校对　梅雨晴　责任印制　禹　蕊

北京建宏印刷有限公司印刷

2022 年 10 月第 1 版，2022 年 10 月第 1 次印刷

710mm×1000mm　1/16；10. 5 印张；211 千字；157 页

定价 66. 00 元

投稿电话　(010)64027932　投稿信箱　tougao@cnmip. com. cn

营销中心电话　(010)64044283

冶金工业出版社天猫旗舰店　yjgycbs. tmall. com

(本书如有印装质量问题，本社营销中心负责退换)

前　言

萤石是一种不可再生的自然资源，同时也是氟化工产业的重要原料，被广泛用于高性能材料、新能源、医药、农药、制冷、国防等新兴行业，是一种重要的战略性矿产资源。

界牌岭萤石矿属鳞片状绢云母-方解石-萤石矿，属于裂隙充填矿体且接近地表，经过长年的风化侵蚀，含泥量大。作为全国最大储量的萤石资源，已探明可开采的萤石资源达到2600万吨。目前，该矿区化工级萤石粉的回收率仅35%左右，资源浪费比较严重。造成此现状的主要原因在于，萤石与方解石、绢云母紧密嵌布，嵌布粒度极细需细磨。而细磨导致泥化现象更为严重，浮选难度增大；同时，大量绢云母的夹带严重影响萤石精矿品质。另外，方解石与萤石都是含钙矿物，它们对脂肪酸类捕收剂均表现出良好的可浮性，两者的浮选分离一直是萤石矿浮选的主要难题。为了有效脱除这两种难分离脉石矿物，寻求绿色高效的抑制剂具有非常重要的意义。

基于此，本书针对这两种典型脉石矿物的特性，进行抑制方解石与绢云母的基础理论研究，探明抑制剂的作用机理及表面产物的生成机制。全书分为6章，第1章概述了萤石资源分布及应用情况，着重阐述了萤石浮选工艺的分类及相关药剂的发展近况，并简述了本书的研究内容及思路；第2章简述了本书中所采用的基础研究方法与相关仪器设备；第3章以萤石、方解石及绢云母矿物作为研究对象，开展了油酸钠作捕收剂时，各种抑制剂对3种矿物的浮选行为研究；第4章着重阐述了通过润湿角、吸附量、动电位、XPS等测试结果分析，系统研究了丙烯酸和单宁酸对CaF_2/NaOl和$CaCO_3$/NaOl体系中混合吸附机制；第 5 章探究了钙离子活化绢云母及其浮选夹带机制，通过吸附量、动电位、红外光谱测试与 DFT 计算分析，发现了绢云母的层状结构对钙离子的特殊性吸附机制；第 6 章论证了基础理论研究的可行性，通过中试与工业试验，简化了现场冗长的浮选流程，最终采用短流程和两段高效抑制的浮选新工艺，能够有效提高化工级萤石的实际回收率为 19.23%，方解石的去除率为 13.43%，以及绢云母去除率为 8.93%。整个流程中运用绿色环保大分子药剂，降低了药耗和能耗，已为企业每年带来经济效益百万元，新工艺取得了技术上和经济上的成功。另外附录中介绍了浮选加酸浸的后续工艺，为解决目的矿物未来浮选更难、指标更低的问题，提供了更加稳定的技术方案。

本书许多研究工作得到了中南大学资源加工与生物工程学院的大力支持，感谢胡岳华教授、孙伟教授、高志勇教授、刘润清教授等老师的指导和帮助。感谢贵州省科技计划项目（黔科合基础〔2020〕1Y218）、贵州省青年科技人才成长计划项目（黔教合 KY 字〔2019〕136）、贵州省一流学科（群）-矿业工程（黔教 XKTJ〔2020〕23）、贵州省 2021 年研究生教育改革发展与质量提升项目（黔财教〔2021〕55 号）、六盘水复杂矿产资源高效清洁利用重点实验室（项目号 52020-2019-05-06）、六盘水师范学院玄武岩及其纤维利用科技创新团队（LPSSYKJTD201906）和六盘水师范学院矿物加工工程学院给予本书研究与出版工作的资助支持。

由于作者水平所限，书中不足之处，恳请广大读者批评指正。

编 者

2022 年 4 月

目　录

1 绪　　论

1.1 萤石资源概况

1.1.1 萤石的性质及用途

萤石（fluorite）通常称为氟石。它是非金属矿物的典型代表之一，等轴晶系，由两种元素组成，即钙（Ca）与氟（F）构成氟化钙（CaF_2），相对分子质量为78.07。尽管萤石在世界范围内都被誉为最灿烂多彩的矿物，但纯净的萤石是无色的，其颜色的变化是由不同杂质所引起。其中钙元素容易被钇、铈所取代，另外铁、钠、钡元素也是常见的杂质。故萤石外表常呈现绿、紫、白、蓝、黄、玫瑰等色，部分可发出荧光，也因此而得名。

另外，萤石莫氏硬度为4，低于钢铁，易划伤、质脆、甘、涩，无毒。熔点为1270~1350℃。密度为3.18g/cm^3，折射率为1.434。自然生成的纯净萤石中，少量出现结晶完整、色泽鲜艳透明的晶体，古有用作艺术标本或者宝石工艺品。现今，萤石是高纯度氟化工的重要原料，已广泛应用于冶金、化工、医药、农业、航空航天、陶瓷及精密仪器等部分行业。随着材料深加工的发展，萤石的用途向精细化延伸，涉及原子能、火箭、飞行器等尖端科学前沿。

1.1.1.1 化学工业

目前，氟化工领域里的基础原料是氢氟酸。因此萤石最重要用途是生产氢氟酸，所消耗的萤石占世界萤石总产量的50%~60%。生产氢氟酸的过程中，对来源的原料质量要求高，杂质含量必须严格控制，国内一般要求CaF_2纯度在93%~98%，这类萤石称为化工级萤石或酸级萤石。

氢氟酸最成熟的生产方法主要是萤石-硫酸法，通过酸级萤石（萤石精矿）同硫酸在加热炉或反应罐中生成。其过程分为两步进行，目前国外以瑞士Buss的工艺最为接受并所采用。氢氟酸作为一种无色液体，易挥发，有强烈的刺激气味和强烈的腐蚀性。由于它是氟化物中最重要的产品，国内发展速度非常快。在无机氟化工材料领域，氢氟酸用作生产氟化铝、人造冰晶石、氟制冷剂和二次氟化物如氟塑料、氟橡胶等。有机方面，氢氟酸可与氯仿及四氯化碳作用，根据生产的产物应用不同，选择不同的组合条件。常见的毒性小的氟化合物可用作冷冻剂、空气溶胶促进剂，而一部分溶剂聚合中间产物则用于碳氟化合物树脂[1]。

1.1.1.2 冶金工业

20世纪90年代前，中国萤石主要用于冶金工业。因此这类萤石被称为冶金级萤石（含 $CaF_2$65%~85%）。顾名思义，冶金级萤石通常用来当作炼钢、炼铁过程中的助熔剂、排渣剂，即冶金的辅助原料。它能够有效降低熔炼温度，加速冶炼渣的炉内流动，既促使金属与炉渣的快速分离，又提高了冶炼渣的脱硫磷能力和吸收硅、铝脱氧产物的能力[2]。

1.1.1.3 航空工业

在航空工业领域里，聚四氟乙烯作为航空航天工业不可缺少的密封材料，具备许多优良性能，例如良好的耐腐蚀、耐候性、无毒、无污染和抗高低温特性[3]。由于含氟材料的橡胶制品不断发展，目前低能耗、高性能、长寿命的多功能性氟橡胶也在航空航天领域广泛应用。

此外，无水氟化氢是制备用于导弹计划中的氟化物的主要化学品，氟的推进剂能够控制固体推进剂颗粒的燃烧速度。因此，氟化氢作为生产喷气机液体推进剂的必要原料，导弹喷气燃料的推进剂，直接决定了火箭的总成本，也控制整个推进剂系统的蕴藏能量。

1.1.1.4 其他

其他用途见表1-1。

表1-1 其他用途

类 型	用 途
氢氟酸+四氯化碳→氟利昂	冷冻剂，喷雾剂、灭火剂、氟塑料
医药	含氟抗癌药物，含氟可的松，含氟碳人造血液、人造心脏和骨骼
农药	杀虫剂、防腐剂、防护剂、添加剂、助熔剂和抗氧化剂等
原子能	UF4，再经氟化生成 UF6，通过气体扩散法或气体离心法分离 235U

1.1.2 世界萤石资源概况

世界萤石资源储量丰富，且分布广泛，全球各大洲都有发现。根据萤石矿的成矿地质条件及现探明的萤石储量情况统计，世界萤石储量的50%以上位于环太平洋成矿带。主要分布地包括非洲的南非、肯尼亚等；北美洲的墨西哥、加拿大、美国等；欧洲的俄罗斯、法国和意大利等；亚洲的中国、蒙古国。从矿床工业分类看，当前开采利用的北美洲矿床，主要有交代型层状萤石矿床、热液填充型脉状萤石矿床、碳酸岩酸性杂岩体萤石矿床和热液沉积型矿床中的萤石矿床。据美国地质调查局2019年《矿产品概要》，截至2019年底，世界探明的萤石资源储量为3.1亿吨，储量基础4.7亿吨（见表1-2）。

表1-2 世界部分国家萤石储量 （千万吨）

国 家	储 量	储量基础
南非	4.1	8.0
墨西哥	3.2	4.0
中国	2.1	11.0
蒙古国	1.2	1.6
西班牙	0.6	0.8
纳米比亚	0.3	0.5
肯尼亚	0.2	0.3

1.1.3 我国萤石资源概况

我国地处太平洋成矿带，作为萤石储量第三位的国家。已探明萤石矿区500多处，整个版图区域将近27个省份内均有不同规模的萤石矿分布[4]。尤其是基础储量达一亿一千万吨，占全球基础储量的23.4%，居世界第一。目前萤石集中分布在浙江、江西、湖南、内蒙古和福建五省，五省的萤石资源储量总计约占我国萤石总储量的90%。

如今国内常见的单一型萤石矿床已确定450多处，大部分矿床储量规模较小。典型的大规模矿床有内蒙古自治区四子王旗苏莫查干敖包萤石矿区，矿石储量约2000万吨。有色金属矿产伴生萤石矿区50多处，湖南省郴州市柿竹园钨锡钼铋矿伴生萤石矿区资源量达6500万吨，是世界第一大伴生萤石矿[5]。

我国萤石矿资源极其丰富，典型的特点如下。

（1）尽管国内具备的萤石资源的潜力巨大，但由于资源分布广泛，目前地质工作程度不高。

（2）已探明的萤石矿床大部分分布在浙江、江西、湖南、内蒙古和福建五省，而且这五省的萤石总储量约占我国总储量的90%，因此开发较早且规模较大的萤石企业普遍集中在国内东部地区。

（3）国内单一型萤石矿床数量多，但是分布极为分散，储量小，导致产品生产难以形成规模。不同的是，伴生（或共生）萤石矿床分布集中，储量极为丰富，在萤石储量中占有较大比例。

（4）随着萤石资源的不断开发，品位高的富矿逐渐消失，勘察的贫矿越来越多。由于我国地质条件的特殊，生成的萤石资源中单一矿、易选矿较少，复杂矿、难选矿多，因此单一萤石矿资源一直以来缺乏高效的工艺进行回收，许多难选的萤石矿由于经济与技术等方面的原因，选别难题无法解决。

1.2 萤石矿物表面特性对可浮性的影响

浮选是通过利用矿物之间表面的物理化学性质差异，在固-液-气三相界面上实现分选矿物的方法。为了有效分离有价矿物与脉石矿物，必须根据其矿物表面的各向特性，选择合适的浮选药剂和最佳的工艺流程才能得以实现。由于萤石、方解石同为含钙矿物，两者通常共生伴生在一起，浮选行为极其相似。因此，浮选分离萤石和方解石一直是选矿行业的一大难题。同时，硅酸盐类脉石矿物是地壳中主要的造盐矿物，浮选性能跟某些氧化物非常接近，因此在工业生产中也难将其分离。简而言之，分辨目的矿物与脉石矿物的不同性质，是萤石浮选分离的关键因素。而矿物的性质不仅与表面性质有关，而且与水相、气相的界面性质也有关。目前研究探讨的方向主要涉及矿物内部结构及自然可浮性、表面电性、表面溶解与氧化性及表面各向异性。

1.2.1 矿物内部结构及自然可浮性

自然界中的矿物绝大多数都是晶体，组成矿物的原子、分子或离子以一定的几何晶格在空间排列，原子、分子或者离子之间以一定的键联系起来。矿物晶体结构的区别，主要与其晶体间的结晶键能相关。键能不仅直接影响矿物内部性质，也影响矿物表面性质。例如，萤石（CaF_2）中 Ca^{2+}和 F^-之间有较强的作用力，F^-和 F^-之间的作用力较弱，从而易于沿此界面断裂。张夏等人[6]和 M J Janicki 等人[7]研究发现萤石界面结构根据（111）、（110）和（100）断裂，计算与实际测量其结构对接触角及表面疏水性造成的影响。而 B Jaczuk 等人[8]试验证明“干燥”的萤石具备疏水性，而且分子间的相互作用主要是依靠范德华力，这也是萤石表面张力的由来。同样杨作升[9]致力于研究方解石成分与结构，证明方解石晶体结构随着不同产地发生变化。王杰[10]研究表明方解石晶体结构对表面吸附浮选药剂产生不同的影响。

1.2.2 表面电性

表面电性在矿物浮选分离中的重要性毋庸置疑，因为矿物表面的荷电性直接影响颗粒之间的凝聚和分散特性，以及浮选药剂在矿物表面的吸附作用。假如矿物表面荷正电，其表面就能够吸附负电荷构成双电层。众所周知，在滑动面处产生的动点电位称作 Zeta 电位，而 Zeta 电位的高低决定了矿物颗粒的表面活性。在早期研究中，J D Miller 等人[11]试验表明，萤石表面的电动电势与溶液 pH 值存在函数关系，由于表面的碳酸化作用：$CaF_2(surf) + CO_3 \rightarrow CaCO_3(surf) + 2F$，并且第一次提出了当 pH 值大于 8 时，萤石表面有碳酸钙的形成。为了进一步研究萤石动电行为，Miller 等人通过天然和人工合成的 16 个萤石样品测量后发现所有样品电动电势并没有完全符合碳酸化作用，氟离子浓度的增加会导致表面动电位下降，但不会变负。这些现象说明矿物表面会发生水化，进而影响其表面电荷。胡岳华，高志勇等人[12]长期的研究发现，含钙矿物中萤石与方解石在酸性到弱碱性区间都荷正电，并且其表面定位离子都是 Ca^{2+}，这也是造成阴离子捕收剂选择困难的根本原因。

1.2.3 表面溶解与氧化性

矿物与水相之间不仅仅是被润湿，同时在矿物表面与水之间产生氢键作用并形成水化层，而且矿物在水中会发生氧化水解。以萤石为例，萤石晶格表面正负离子外围吸引周边的水分子，这一作用会使离子晶体内部的键能削弱，最终导致离子脱离晶格溶解于水中。而离子溶于水中后形成水化离子，水化过程中气体也对矿物的溶解产生影响，硫化矿容易被水中的氧所作用，发生氧化。而萤石与方解石的溶解过程不同于硫化矿，主要受到水中二氧化碳的影响，其溶解度也远大于硫化矿。杨耀辉等人[13]的研究中提到萤石溶解度达到 2.0×10^{-4}，方解石达到了 1.3×10^{-4}，两者间的溶解组分包括常见的离子 Ca^{2+}、CO_3^{2-}、HCO_3^-、F^-等。目前有研究表明方解石的溶解会导致表面活性站点增加，会增加溶液的 pH 值，并且进一步的增加表面的离子密度，而且改变表面的粗糙度。因此方解石溶解组分在溶液中溶出后溶解状态受到许多因素的影响，极为复杂。各组分间发生各种化学反应，甚至吸附于矿物表面导致矿物表面性质改变，这种化学反应的发生会导致萤石与方解石之间表面的转化，表面转化更加剧了矿物间浮选分离的难度。简而言之，这些含钙矿物的界面行为往往源于矿物表面所溶解的组分。

1.2.4 表面各向异性

矿物浮选过程之前，目的矿物都会被破碎解离，一旦矿物表面发生断裂，内部晶格受到破坏，表面就会有剩余的不饱和键能，而这类暴露的界面里会呈现出各种不同的各向异性。因此国内外学者大量的研究着重于表面断裂键、表面能、润湿性及吸附性等方面。这些由内而外的原子、分子或离子键能和表面键能的许多特性，对矿物与水、溶液中分子或离子、浮选药剂及气体作用起决定性的作用。为了更具体的探明萤石的表面能，Pradip 等人[14]通过分子模拟计算，得到萤石（100）、（110）和（111）三个晶面的表面能值，分别为 $2.9J/m^2$、$1.4J/m^2$ 和 $0.8J/m^2$。对比之后发现（111）为萤石表面能最小、最稳定的解离面。另外，De Leeuw 等人[15]结果也表明，甲酸分子在萤石（111）和（110）表面的吸附能大于水在萤石表面的吸附能。这说明甲酸分子在萤石表面的吸附与罩盖与表面定位离子 Ca^{2+}间距相关。正因为这些特性，新的结果也证明，甲酸分子在萤石三个暴露面（111）、(110）和（310）面的吸附能都大于在方解石（104）面上的吸附能。高志勇等人[16]系统研究了三种含钙矿物晶体各向异性对浮选行为的影响，通过分子动力学模拟的手段，系统研究了萤石及方解石的解理晶面性质的差异与矿物表面疏水性的关系。另外，萤石实际应用过程中发现，破碎与磨矿的方式和搅拌强度的大小都能对矿物各向异性产生影响[17]。提出通过控制破碎与磨矿的方式和搅拌强度的大小的观点，借此增加萤石矿物疏水性强的晶面，最终促进捕收剂在萤石表面的吸附。

1.3 萤石矿捕收剂与抑制剂研究现状

1.3.1 萤石矿捕收剂

萤石捕收剂一般具有两个部分：一个是极性部分，另一个是非极性部分。因此根据官能团的电荷性，可分为三类：阳离子性捕收剂、阴离子性捕收剂和两性捕收剂。以往的研究中，在浮选溶液环境下，通常萤石矿物表面荷正电，因此萤石浮选应用较多的是阴离子捕收剂，其次为两性捕收剂。最后阳离子捕收剂作为反浮萤石中脉石矿物的应用较少。国内外对萤石阴离子与两性捕收剂相关的研究已有大量的报道。

1.3.1.1 阴离子捕收剂

常见的阴离子捕收剂有脂肪酸类、烷基硫酸或磺酸类、磷酸类及有机胂酸类等。现今运用最广泛的当属脂肪酸类捕收剂。

油酸钠（NaOl)，学名十八烯酸，是天然不饱和酸，在动植物油脂中广泛存在，含量丰富，作为萤石浮选中最典型的捕收剂，其捕收能力强，且价格低廉。但是不足之处在于低温条件下溶解度低、活性差、分散慢等，因此许多专家学者对其做了很多积极的改进，包括矿浆加温、强搅拌、皂化、磺化、乳化等。刘淑贤等人[18]对某低贫萤石矿进行试验，选择 NaOl 为捕收剂，粗选 NaOl 水域加热到 60~70℃，矿浆温度保持在 35℃，最终得到萤石品位 98.50%。

油酸虽然作为常用的萤石捕收剂，但受限于天气与温度，因此周维志[19]在浮选桃林铅锌矿萤石时，通过橡油酸钠成功取代油酸。由于该捕收剂制作工艺简单，而且价格低廉等优点，不仅使浮选精矿品位高达 98.06%，而且让精矿中二氧化硅的含量同比之前降低 30%左右。

随着新型脂肪酸类捕收剂不断的开发研究，安顺辰[20]利用天然的油科类植物山苍子的核仁油高馏分后，与莱油下脚和糠油下脚混合组成 LHO-R，LHO-B 是以二元羧酸为主的捕收剂。扩大试验结果证明，萤石回收率从原先的 48.46% 提高到 84.88%~90.97%。萤石产品能达到特级或一级，选别效果显著。

BC-2 捕收剂是通过棉籽油下脚与烧碱中和制备而成[21]，因此就价格而言，相比油酸成本低廉得多。但是实际应用存在一定限制性，比油酸的温度适应性更差，仅仅在 20~25℃范围内才具备较佳的溶解性。早期苏联某萤石选矿厂在实际生产过程中，使用 BC-2 替代原有的油酸作为萤石捕收剂，萤石精矿品位同比过去提高了 1.29%，回收率略有提高，每年可节约 20 万卢布。

Y-17 通过石油化工产品发酵法制得的微生物油脂皂[22]，由于混合脂肪烃碳链长度一般在 13~18，简称为 Y-17。朱一民通过大量的试验证明，Y-17 捕收剂能够在萤石表面产生强烈的化学作用，使萤石表面的亲水界面迅速转变为疏水界面。

张行荣等人[23]通过采用氧化石蜡皂做捕收剂，对某低品位的萤石矿优化工艺后，同油酸对比，发现氧化石蜡皂作为捕收剂时，浮选速度更快，捕收能力更强。当用量在 600~800g/t 范围，矿石细度小于 0.074mm（200 目）占 65%条件下，精矿品位为 92.9%，回收率高达 95.67%。

为了克服萤石低温浮选的难题，在张一敏[24]研究中，通过从石油中提炼无毒无害的副产品 GY-2，在 6.5~15℃范围，低温的矿浆环境下，证实了 GY-2 仍然具备优秀的捕收性能，并且该药剂在常温下状态为棕黑色黏稠液，配成水溶液后流动性好，在矿浆中容易分散。最后试验结果表明，在浮选 10℃温度下，GY-2 同比油酸提高萤石品位至 98.34%，回收率达到 85.61%。

油酸不仅存在低温效果差的问题，还有实际价格过高的缺点，导致萤石产业药剂成本较大，为了弥补这方面的不足，韦群宗等人[25]将石油、有机类化工副产物改性后，再混合一部分泡沫调整剂，最后乳化、皂化制备出新型的捕收剂 H_{p303}。此类捕收剂虽然需要热水溶解，但是具有无毒、无气味，价格便宜，对细粒级回收能力强等优点。试验结果证明，在流程中 H_{p303} 和油酸用量相同，但是价格是油酸的一半，另外减少了抑制剂水玻璃的用量，可大幅降低生产的药剂消耗，稳定生产的指标：精矿品位 CaF_2 为 98%，回收率为 92.6%，SiO_2 含量 0.78%。

郭文峰[26]研究中提到烷基硫酸或磺酸类捕收剂在萤石浮选中存在一定的局限性。目前以十二烷基磺酸钠为例，此捕收剂吸附在萤石表面，通过物理吸附和化学吸附两种方式。而吸附在硅酸盐和碳酸盐表面只有物理吸附，吸附强度差异可以使萤石矿物分离。但是这类药剂过量时，萤石表面会生成十二烷基磺酸钙的亲水沉积物，不仅导致萤石矿物难以上浮，还与矿浆中其他杂质离子发生作用，致使药剂消耗增加，长期面临难以解决的技术与经济方面等相关问题，因此至今未能取得实际应用的成果。

膦酸类捕收剂的研究进行了很多年，早期苏联[27]对基于双膦酸衍生物深入研究，提议相关的螯合作用的化合物都可作为捕收剂。此类药剂已经证明是锡石、萤石、磷灰石、白钨矿等氧化矿物高效的捕收剂。其中，较为常见的磷酸类捕收剂为Flotol-7、Flotol-9 [28]，由于碳链长度在7~9所命名，在俄罗斯某萤石矿试验证明，当Flotol-7、Flotol-9作为捕收剂时，对细粒难选的碳酸盐萤石效果较好，但由于膦酸类捕收剂合成方式较复杂，导致价格昂贵，因此实际应用的局限性大。

近年来，将微生物作用产生的类酯物用作氧化矿捕收剂是研究的前沿热点，萤石相关方面的研究则更为活跃。此类酯化合物对萤石浮选的优点在于捕收萤石的能力强，捕收重晶石的能力差，突出的是几乎不捕收方解石。因此这类酯化合物作为萤石浮选捕收剂，具备了高效的选择性。

浙江省冶金所[29]研发了一种石油发酵的生物选矿药剂，多年试验证明，该药剂对白钨矿、萤石等非硫化矿都有较好的捕收效果。而且微生物药剂比脂肪酸类的优势在于，微生物的生长速度远远比动植物快得多，不仅克服脂肪酸类捕收剂对地理气候条件影响，同时产生大量有机酸等有用副产物。

1.3.1.2 两性捕收剂

两性捕收剂，顾名思义捕收剂分子结构中同时具有阳离子和阴离子两种异极性有机化合物。因此在不同的溶解环境下，则呈现不同的电性性质。在碱性溶液体系中，呈阴离子羧酸盐类；在酸性溶液体系中，呈阳离子胺盐类。

国外在氨基羧酸性捕收剂开发研究也较早，1970年，S A Wrobel等人[30]尝试采用N-十二烷基—β—氨基丙酸做捕收剂，在单矿物浮选中分离萤石、石英、方解石的人工混合矿。试验结果表明，该捕收剂对方解石捕收效果差，对石英几乎没有捕收能力。发现pH值在5~9范围内，萤石具有较好可浮性。

萤石浮选中由于含钙矿物性质的相似性，因此对捕收剂的选择性要求高。由于在不同pH值条件下，白钨矿、萤石矿、方解石之间的表面电性有差异，胡岳华等人[31]通过研究这三种矿物的机理，证明用β—氨基烷基膦酸作为捕收剂时都能有效吸附，根据pH值范围的不同则吸附方式产生差异，从而实现目标矿物之间的浮选分离。

氨基磺酸型两性捕收剂目前研究较少，早期文献报道[32]，含磺酸基两性表面活性剂油烯基（十八碳—9—烯基）氨基磺酸盐和十八烷基氨基磺酸在实际应用中试用过，但是小型试验结果表明，十八烷基氨基磺酸盐对萤石、重晶石、方解石等纯矿物可浮性差别不大，在特殊的情况下对浮选有一定的效果。但是后续的研究没有出现新进展。

1.3.2 萤石矿抑制剂

由于萤石捕收剂依然是脂肪酸类为主，近年来，易选萤石资源不断枯竭，目前许多萤石矿的赋存状态多样化，导致萤石选别越发困难。这种发展趋势下使萤石抑制剂的研究变得更加活跃。萤石浮选中抑制剂主要分为无机抑制剂和有机抑制剂两大类。

1.3.2.1 无机类抑制剂

在实际生产与试验研究中常用的抑制剂有水玻璃、酸化水玻璃、六偏磷酸钠、多聚磷酸钠等。目前，生产中最常见的无机抑制剂就是水玻璃，即一种高黏度强碱性水溶液，常用 $Na_2O \cdot nSiO_2 \cdot xH_2O$ 表示。由于制备简单、价格低廉，且能够有效抑制目标矿物中大量的硅酸盐类脉石，有大量的科研工作者研究了水玻璃对硅酸盐类矿物表面的吸附方式、吸附强度等各影响因素[33]。如今，被广泛提及的水玻璃吸附硅酸盐的作用机理如下。

（1）水玻璃在溶解过程中，产生大量以 SiO_2 形式存在的胶体，此类胶体极易吸附在脉石矿物表面且亲水性较强，会在矿物表面形成亲水膜，从而达到抑制脉石矿物的效果。

（2）根据浮选溶液化学的分析，水玻璃在溶解过程不仅以胶体形式存在，同时还有 $HSiO_3^-$、$HSiO_3^-$ 或 SiO_3^{2-} 解离，通过与方解石等脉石矿物中溶解的 Mg^{2+}、Ca^{2+} 相互反应生成亲水的 $MgSiO_3$、$CaSiO_3$ 沉积物吸附在矿物表面。

水玻璃在选矿中应用非常广泛，在萤石浮选领域中，也有大量的文献报道。葛英勇[34]对水玻璃溶液化学与萤石、赤铁矿浮选机理进行研究，试验以白云鄂博东矿萤石为对象，弱磁、摇床分选后，通过浮选得到水玻璃在溶液中的溶解度、离子组成与溶液浓度，以及 pH 值和硅钠比相关的结果。在 pH 值为 6~9 的条件下，通过赤铁矿、萤石对水玻璃各种离子的吸附活性差异，实现了矿物的分离。

张崇辉等人[35]采用正交试验法，将调整剂、抑制剂、捕收剂三个浮选最重要的因素分别考察，发现水玻璃的用量是萤石浮选中粗选作业选矿效率的关键。经过优化后的药剂条件：碳酸钠 1.5kg/t，水玻璃 500g/t，捕收剂 480g/t。最终试验得到萤石品位为 80.68%，回收率为 92.11%的萤石浮选粗精矿。

张光平等人[36]对内蒙古某萤石矿进行试验研究，发现采用 NMG 为捕收剂，水玻璃为抑制剂，2 号油为起泡剂时，再通过“一粗一扫两精”的工艺，将原矿品位为 43.36%的萤石矿，富集到 97.35%的精矿品位，回收率高达 98.13%。

在水玻璃大范围应用的基础上，许多改性水玻璃的成功应用也得到了广泛的发展。周文波等人[37]通过采用酸化水玻璃作为抑制剂，以墨西哥某高钙萤石矿为对象，从实际矿石的试验与机理的角度，论证了酸化水玻璃的采用比原先CMC的效果更好，不仅提高精矿的品位和回收率，而且能够解决尾矿沉降慢，选矿回水浑浊的问题。

印万忠等人[38]探究酸化水玻璃的具体作用机理，提出了酸化水玻璃能够改变介质pH值、酸性去活化作用、改善泡沫等观点，因此水玻璃在酸化后对萤石浮选提纯有明显提高效果，矿浆中带有强亲水性离子的H_2SiO_3对二氧化硅具有强烈的抑制作用。因此酸化水玻璃是酸级萤石生产中除杂提纯的关键。

周涛等人[39]采用常规的油酸钠作为捕收剂，将T-29与酸化水玻璃进行一定比例的混合溶液作为抑制剂，以金塔县某高钙萤石矿为对象进行试验研究。结果表明，萤石精矿品位能够富集到98.02%，碳酸盐和硅酸盐的杂质极低。达到萤石精矿1级品的产品要求。

改性水玻璃中有一部分不通过酸化，而是以无机盐组合使用，称之为盐化水玻璃。周涛通过水玻璃与硫酸铝按一定比例的混合后溶液作为抑制剂试验研究，发现矿浆pH值为6.5~7.5的范围内，盐化水玻璃对方解石的抑制作用更强，由于硫酸铝的作用，使泥化的硅酸盐更容易分散沉降，进而减少浮选夹带。

牛云飞等人[40]通过盐化水玻璃和六偏磷酸钠两种抑制剂的联合作用，应用于晴隆碳酸盐型萤石矿，试验结果证明，组合抑制的效果显著，最终获得萤石精矿品位高达98.1%，回收率为83.68%。

萤石相关的无机抑制剂不仅在水玻璃的基础上发展，一些新型的抑制剂也在推陈出新。例如，田学达等人[41]选择用6RO-12此类两性捕收剂的同时，开发探究了新型的抑制剂RPO_3，试验证明RPO_3能够有效抑制萤石中的方解石与石英等主要脉石，同时也通过XPS发现这类新抑制剂的作用机制。

车丽萍[42]开发了新型抑制剂S602，其优点在于此药剂选择抑制效果好，并且黏附能力是传统的水玻璃的2.30~2.63倍。而叶志平等人[43]也参考研制了组合新型抑制剂NO_3，成功应用于在柿竹园多金属萤石选矿厂，获得了品位为97.39%、回收率为72.41%的萤石精矿。汪云峰等人[44]则开发JH_{101}作为萤石矿的抑制剂，最终通过闭路试验，取得了萤石精矿品位为$CaF_2$98.86%、回收率为90.25%的理想指标。

1.3.2.2　有机类抑制剂

有机类抑制剂作为萤石浮选中的一大类，与无机抑制剂相比，具有种类繁多、来源更广、污染小、易降解。近年来，世界范围内对新型抑制剂，尤其是天然大分子药剂的研究比较活跃，大量研究与试验结果证明，有机抑制剂具备替代传统无机抑制剂的发展前景。但是在萤石选别方面，目前实际应用成功的有机抑制剂的研究案例较少。

淀粉类药剂在选矿领域应用有70~80年的历史，李晔等人[45]总结淀粉类药剂对萤石与重晶石等矿物都有抑制，创新地提出了糊精在萤石与方解石表面的吸附跟矿浆的pH值有关。随后试验结果表明，当pH值小于8.5时，糊精对萤石的抑制效果不明显，但是对方解石抑制效果较强；当pH值处于临界值8.4时，混合矿浮选萤石的指标为：精矿品位81.0%，回收率为91.2%。

单宁类在黄铁矿的浮选应用中有过大量探索，在方解石方面研究工作开展的较早，但是实际应用的效果不佳。具体的原因在于对单宁类药剂的作用机理尚未研究。

张亚辉等人[46]早期简化了单宁的组分，单独研究邻苯三酚作为方解石的有机抑制剂，在人工混合矿的条件下取得了良好的分离效果。借助X射线电子能谱等手段，发现邻苯三酚在方解石上的吸附机理。

聂光华[47]系统研究了难选萤石矿与其含钙脉石矿物的选择性抑制剂的抑制作用与抑制机理，最后筛选出腐殖酸钠对萤石浮选中的选择性最好，最终在实际矿石研究中获得萤石精矿品位为95.52%，回收率高达91.20%。同时从机理的层面阐述了腐殖酸钠对方解石的选择性抑制是因为该药剂在方解石表面吸附能力远远强于油酸钠表面。

郑桂兵等人[48]不仅将酸化水玻璃、CMC、邻苯酚、腐殖酸钠进行筛选试验，同时引入新的有机类抑制剂如三甲基膦酸与四甲基膦酸进行对比。以人工混合矿为对象，试验结果表明：酸化水玻璃、CMC、腐殖酸钠、邻苯酚均对方解石具有一定的抑制作用，其中腐殖酸钠、邻苯酚、三甲基膦酸和四甲基膦酸选择性都较好，尤其是三甲基膦酸和四甲基膦酸在实验室中成功分离萤石与方解石的效果较好。

宋韶博[49]在含钙矿物的研究中提出新的观点，利用天然胶类，即聚糖类大分子对含钙矿物进行抑制作用方式及机理方面的研究。结果发现，阿拉伯胶、瓜尔胶、黄原胶对含钙矿物都有抑制效果，但是抑制过程中吸附方式却存在差异。阿拉伯胶和黄原胶在矿物表面主要是静电吸附与氢键作用，而瓜尔胶主要是氢键作用。为后续研究大分子有机抑制剂提供了新的方向。

1.4 萤石与主要脉石矿物实际浮选工艺概述

目前萤石的选矿加工方法首先依据矿物的基本类型、矿物的结构组成及有价矿物的品位高低等因素，再根据现场实际情况，从经济、技术、环境等方面考虑最佳的工艺方法进行选别。目前世界范围内，萤石选矿常见的选别方式有手选、重选及浮选。

尽管手选是最简单的办法，但缺点是需要劳动力多、劳动强度大、资源浪费严重，所以国内应用较少。而通过重选方法处理萤石矿，首先预先抛尾，入选品位得到提高，降低后续选别流程中的杂质含量，也为后续选别作业提供优异条件。

现今，浮选一直是国内外萤石选别广泛采用且最具成效的方法。即便是面对单一的萤石矿或者伴生的萤石矿，无论矿石构成简单或复杂嵌布共生，均可采用浮选的方法获得高质量的萤石精矿产品。

萤石属于较易浮的矿物之一，国内外专家学者进行了大量的研究发现，萤石与主要的脉石矿物浮选工艺与技术的选择，主要是根据与萤石伴生的脉石矿物种类不同或者成分高低所导致的差异性来确定。根据伴生型的萤石矿可分为几大类：石英-萤石型、方解石-萤石型、硫化矿-萤石型、重晶石-萤石型。

1.4.1 石英-萤石型浮选工艺

针对石英-萤石型矿，由于其主要脉石矿物为石英，而石英在矿浆溶液中通常为负电，对采用常见的脂肪酸捕收剂条件下，石英上浮的效果不好。因此在这类型萤石矿通常采用简单的浮选工艺。常见的多为“一粗一扫多精”的工艺，油酸钠作为捕收剂、碳酸钠作矿浆 pH 值调整剂，水玻璃作抑制剂。实际生产过程中，对萤石精矿影响的主要的指标是磨矿细度、浮选矿浆浓度、矿浆 pH 值、药剂用量等。

李继福等人[50]针对某单一石英型低品位萤石矿。在工艺矿物学研究的基础上，以常规药剂 Na_2CO_3 作调整剂、水玻璃为抑制剂，BK410 作捕收剂，采用“一粗六精两扫”的浮选工艺流程，获得萤石精矿品位为 95.37%，回收率为 85.82%的 FC-95 的萤石产品。

谭琦等人[51]以河南某石英型萤石矿为研究对象，对磨矿加浮选的不同工艺组合方式进行试验，通过一段磨矿加中矿顺序返回，二段磨矿加粗精矿再磨再选，以及二段磨矿加混合高品位中矿再磨再选工艺对比后，结果表明：石英型萤石由于连生体多，但是过磨又容易对浮选产生危害，因此采用二段磨矿加高品位混合中矿再磨再选工艺效果较佳，这类原矿经过选别后能够得到萤石精矿的品位为 97.12%，回收率高达 91.10%。

张晓峰等人[52]发现某石英型萤石存在嵌布粒度较细，且低温（15℃以下）条件下萤石精矿品位低、回收率差的问题。针对这一问题，采用“一粗一扫七精加一段浮选精矿再磨再选”工艺，并自主研发 ZYM 作为该矿捕收剂。试验结果证明：在矿浆温度为 5~10℃的条件下，工业生产的精矿产品中 CaF_2 为 96.37%，回收率为 71.67%，SiO_2 含量降低至 1.81%。

钱玉鹏等人[53]对萤石与石英纯矿物的分离进行试验，以及人工混合矿（1∶1）浮选试验，通过药剂吸附量测定和表面动电位分析等手段，系统研究浮选体系中油酸钠作为捕收剂时，微细粒石英对萤石浮选效果的影响。结果表明：在 pH 值为 6 时，石英颗粒表面荷负电，萤石颗粒表面荷正电，两者易发生异相凝聚，降低油酸钠在萤石颗粒表面的吸附，造成浮选指标下降。另外，证明氟硅酸钠能够有效抑制石英，而六偏磷酸钠的加入能够调节矿浆中各矿物的表面电位，起到较好的分散作用，降低杂质的夹带，从而提高浮选指标，最终浮选精矿萤石品位为 97.10%，回收率为 60.80%。

许霞[54]通过对湖南某石英型萤石矿进行了系统的浮选工艺研究。其中自主研发了 DW-1 复合型耐低温改性捕收剂，采用“一粗一扫六精加中矿顺序返回”的工艺流程。闭路试验结果表明，该浮选工艺能够获得萤石精矿 CaF_2 品值为 98.37%，回收率达 78.72%。此方案优势在于精矿中杂质 SiO_2 含量仅为 0.86%，$CaCO_3$ 仅为 0.27%。最后通过润湿角、动电位及红外光谱等手段，探究了捕收剂 DW-1 与萤石和石英面的吸附机理。

宋建文等人[55]对国内某高钙石英型萤石矿中 CaF_2 品位为 38.22%，含钙脉石矿物含量较高，分离困难的问题，通过对浮选药剂制度优化，提高浮选效率，降低选矿成本。确定以 Na_2CO_3 作为 pH 值调整剂，Na_2SiO_3 作为石英的抑制剂，YN-12 作为萤石的复合捕收剂，单宁（S-217）和六偏磷酸钠作为方解石的抑制剂，采用“一粗六精”的选别流程，最终获得精矿 CaF_2 品位为 97.21%，回收率为 69.04%，SiO_2 品位为 1.02%，$CaCO_3$ 品位 0.24%

刘德志等人[56]针对脂肪酸类捕收剂在萤石浮选作业中选择性差、不耐低温、溶解性差等缺点，对油酸钠进行了硫酸化改性研究。结果表明，在以石英为主要脉石矿物的萤石矿浮选中，在酸化比例（浓硫酸与油酸摩尔比）为 0.2、酸化温度为 50℃、酸化时间为 2h 时，萤石浮选效果最好。在常温 25℃下，采用“一粗五精”的全闭路工艺，能够获得萤石精矿 CaF_2 品位为 97.17%，回收率为 88.87%，SiO_2 含量为 0.89%的酸级萤石产品。

1.4.2 方解石-萤石型浮选工艺

方解石与萤石同为含钙矿物，两者的性质极为类似，因此两者的浮选分离一直是选矿的难题。目前国内外更多的研究是通过不同药剂在两种矿物的吸附差异，进而使两种矿物实现浮选分离。

宋英等人[57]提出使用各类组合抑制剂的观点，以遂昌某碳酸盐型萤石矿为对象，试验研究证明 $NaSiO_3$ 加腐殖酸钠两者组合的效果优于单一抑制剂 $NaSiO_3$、栲胶、栲胶加六偏磷酸钠等条件，采用“一粗一扫七精”的全闭路工艺流程，最终得到萤石精矿品位为 97.11%，回收率为 69.90%。

宋强等人[58]对贵州某方解石型萤石矿进行了浮选试验研究，发现 Na_2CO_3 作为 pH 值调整剂、水玻璃加腐殖酸钠和酸性水玻璃（1∶1）为抑制剂、油酸钠为捕收剂，磨矿细度为小于 0. 074mm（200 目）占 87. 21%条件下，可以获得萤石精矿品位 96. 31%，回收率 81. 67%的萤石精矿。

郭明杰等人[59]在栾川钼业某难选白钨尾矿中回收萤石，尾矿中碳酸钙含量在 45%以上。通过碳酸钙优先浮选的工艺预先脱除 72. 44%的碳酸钙，萤石损失率仅为 12. 98%，最终获得萤石精矿品位和回收率为 91. 88%和 46. 07%。

张旺[60]针对某碳酸盐型萤石矿进行浮选工艺的研究，试验中发现矿浆在中性条件下，水玻璃与稀硫酸通过一定比例的混合能够高效抑制方解石。并且采用“一粗九精加中矿顺序返回”的全闭路试验流程，获得了萤石精矿品位为 94. 44%，回收率为 89. 35%。

张国范等人[61]确立了常规水玻璃无法使萤石与方解石分离的观点，考察酸化水玻璃具体的抑制作用，探究其中酸化水玻璃对矿浆 pH 值不同所导致萤石与方解石可浮性差异性。研究结果表明：只有矿浆 pH 值在 5. 0~9. 5 范围内，酸化水玻璃才能有效抑制方解石，若 pH 值不在此范围的话，萤石和方解石分离难度就急剧增加。证明弱碱性和弱酸性的条件下，酸化水玻璃抑制作用主要依靠此 pH 值范围内水解生成的硅酸胶状颗粒在方解石表面的形成的亲水界面。

1. 4. 3 硫化矿-萤石型浮选工艺

硫化矿-萤石型矿石，顾名思义为有色金属硫化矿中伴生的萤石矿，由于主要目的矿物是硫化矿，因此有价矿物首先富集硫化金属矿，最后的尾矿再对有价的萤石进行回收。通常生成中的原则流程一般为：原矿—破碎—磨矿—优先浮选硫化矿—尾矿（富含萤石）—萤石粗选—多次精选—萤石精矿。

蒋祥伟等人[62]针对某难处理低品位硫化矿-萤石型矿石，采用脱铁—脱硫—萤石再浮工艺方案。在磁选除铁和浮选脱硫后，以高效的捕收剂 Z-201 作萤石的捕收剂、Na_2CO_3作分散剂，酸化水玻璃和单宁作联合抑制剂获得了良好的选别指标。在原矿含 CaF_2 27. 84%、$CaCO_3$ 11. 64%的情况下，实验室闭路流程试验结果表明，先脱铁再脱硫，硫尾经“一粗八精一扫”的闭路试验流程，可获得 CaF_2品位为 93. 86%，回收率为 50. 26%的萤石精矿。

1. 4. 4 重晶石-萤石型浮选工艺

重晶石与萤石在浮选过程上浮速度接近，因此可浮性也较为类似，所以重晶石型-萤石矿也有大量学者针对其特性做了许多工作。

付长行等人[63]通过对某重晶石为主的铅锌尾矿进行选别，发现以“一粗一扫四精”的精简工艺，采用 $NaSiO_3$+Al_2SO_4+栲胶的药剂，获得萤石精矿品位和回收率分别为 95. 06%和 96. 58%。

宋春光等人[64]系统研究了某石英-重晶石型萤石矿，研究结果表明：以 KDP

为重晶石抑制剂，采用“弱碱性条件和粗选脱硅—弱酸性条件清洗除重晶石的方法和“两段磨矿—两段粗选——次扫选七次精选，中矿顺序返回”的选别工艺流程，可获得萤石精矿品位和回收率分别为97.78%和79.08%。

李飞等人[65]以云南某萤石与重晶石共生矿为研究对象，该矿重晶石含量高达52.73%，试验采用先混合浮选再分离浮选的流程，水玻璃为抑制剂，pH值调整至9，油酸钠为捕收剂。最终全浮选闭路试验萤石精矿品位为94.42%，回收率为87.77%，同时重晶石精矿品位为91.89%，回收率为88.66%。

李名凤[66]系统研究了湖南某铅锌选厂尾矿富含萤石与重晶石，由于两者可浮性相近，难以实现综合回收，通过药剂制度的优化，选择优先浮选重晶石，工艺流程为“一粗四精”。萤石选别流程为“一粗三精”。最终试验获得重晶石精矿 $BaSO_4$ 为93.28%，回收率高达94.06%。萤石精矿 CaF_2 为95.24%，回收率为81.04%。重晶石产品达到优2级要求；萤石产品达到三级品的要求。

袁华玮等人[67]针对萤石重晶石共生矿可浮性相近、浮选分离困难的选矿难题，对云南某萤石重晶石共生矿进行了选矿工艺研究。结果表明，原矿含重晶石44.38%，萤石20.21%，脉石矿物主要为石英。经多个实验流程对比后，最终采用萤石和重晶石混合浮选流程，以皂化油酸钠为捕收剂。采用抑重浮萤的流程，以硫酸铝为重晶石抑制剂，保证萤石可浮性。经闭路分选流程得到品位为96.13%、回收率为88.74%的萤石精矿和品位为87.65%、回收率为97.78%的重晶石精矿。

1.5 萤石与方解石-绢云母脉石矿物浮选研究现状

尽管萤石浮选分离主要是萤石与石英、方解石、重晶石、长石的分离，但是萤石也与白云母、黑云母，甚至绢云母类伴生，导致浮选分离更加困难，工艺更为复杂。这类萤石矿浮选分离的研究较少，因此研发的新型浮选药剂基本没有实际应用，都停留在试验室试验阶段。针对云母类脉石矿物独有特性，选取适宜的药剂与工艺进行浮选试验研究。

1.5.1 绢云母的性质与性能

绢云母这个术语是 K. ЛсНТ 于1852年为了表示德国塔乌努斯（TayHyc）板岩中的细鳞片状浅色云母而首次使用的[68]。按照化学成分，这个矿物接近于白云母。由于这一点，“绢云母”这个术语，长期以来被定义为细鳞片状白云母。最初“绢云母”这个术语只用于浅色钾质云母。

绢云母作为一种细粒云母，它在自然界中广泛分布。它通常嵌布共生在许多基础金属矿石中，导致绢云母常常被认为是目的矿物富集后的杂质矿物。而云母类矿物，由于天然可浮性较差，常见的处理办法都是采用阳离子浮选捕收剂富集选别。在这种情况下，大部分试验证明，想要脱除泡沫中夹带的绢云母产品非常困难。目前许多方向的研究，是为了减少这类杂质夹带进入目的矿物精矿。E J Silvester 等人[69]提出，绢云母这种矿物存在一定程度的天然可浮性。然而，很少有确凿的论据来支持这一观点。少量的报道中提及抑制绢云母浮选药剂，包括多糖、硅酸盐和氟硅酸盐等。但是使用这些药剂的同时，绢云母上浮并不是稳定不变的，不能完全证明抑制的有效性。事实上，浮选的机理也是不同的。因此，最终的抑制的效果也会有所不同。

1.5.2 云母类萤石矿浮选应用研究

云母类萤石矿的应用与研究较少，主要原因在于云母类萤石矿中，同时伴生石英、方解石、重晶石等其他脉石矿物导致浮选分离的难度较大，可利用的经济价值较低。

陈建建[70]首先研究在萤石、方解石、云母三种纯矿物的浮选行为，在此基础上以南阳某含云母方解石型萤石矿为对象，试验发现六偏磷酸钠对方解石的抑制效果最强，选择六偏磷酸钠与酸化水玻璃的组合使用，通过实验室试验结果证明采用“一粗八精”的开路流程工艺，获得萤石精矿品位为 97.77%，回收率仅为 38.67%。在试验室流程可行的基础上，半工业试验采用“一粗三精”浮选柱闭路流程获得精矿品位 97.59%，回收率高达 87.05%。

伍喜庆等人[71]系统地研究了萤石和金云母纯矿物、混合矿和实际矿石的浮选行为。发现在混合矿与实际矿试验中，金云母容易被金属离子 Fe^{3+} 和 Al^{3+} 活化导致上浮，萤石的浮选会被活化的云母所影响，在纯矿物条件下，金云母基本不浮，探索离子活化作用机理后，通过采用 Na_2CO_3 和硫化钠作为调整剂，可以改善萤石与金云母的浮选分离。

邹朝章等人[72]考察某复杂的交代岩型萤石矿床，该矿区选别有价的金属矿物之后，再对目标矿物萤石进行富集，其萤石的伴生脉石主要是以石英、白云石、绿泥石、云母类等矿物为主。此萤石矿选别分离难点在于方解石、绢云母等矿物集合体紧密嵌布，经过一系列的选别试验，结果表明，得到萤石精矿品位高达 97.28%，回收率为 49.01%，其他杂质含量也较低，该研究成果已经用于生产。

1.6 研究背景、内容及技术路线

1.6.1 研究背景

萤石是一种不可再生的自然资源，同时是氟化工行业的重要原料，尤其对氟硅新材料和新能源等高科技产业具有重要的支撑作用。作为我国传统的优势出口资源之一，自20世纪90年代开始，由于出口量较大，长期占国际市场半壁江山以上。近年来，随着科学技术的发展，萤石逐渐从传统的冶金工业的助熔剂、排渣剂，搪瓷的增白剂、玻璃的遮光剂和生产水泥熟料的矿化剂等，转变为一些高新技术行业的原料。当前，萤石已用于高性能材料、医药、农药、制冷、国防等新兴行业，成为一种重要的战略性矿产资源。

湖南作为我国第一萤石大省，伴（共）生资源相当丰富，单一型复杂难选萤石矿典型的代表矿山是郴州某界牌岭矿区，拥有全国最大储量的萤石资源，已探明可开采的萤石资源达到2600万吨，平均品位在40%左右，属于碳酸钙型萤石矿，碳酸钙含量较高，从4%~15%不等，平均含碳酸钙8%~10%。该矿区从20年前开始组织选矿技术攻关，虽然取得了一定的进展，但2014年的14万吨精矿中，萤石品位一般在83%~90%，最高也仅有93%左右，而且化工级萤石粉的回收率仅35%左右，远达不到下游产业生产的要求，同时资源浪费也非常严重。浮选此类复杂难选萤石矿之所以更加困难，主要原因如下。

（1）萤石晶体与绢云母紧密嵌布、嵌布粒度细；为使萤石解离，矿石需要细磨。但绢云母由于硬度低，在细磨过程中，会优先磨碎泥化，形成次生泥。而原有矿泥和磨矿形成的大量次生矿泥，由于粒径小、比表面积大、表面活性高，进入浮选作业后会消耗大量浮选药剂，导致浮选泡沫黏度大，矿泥夹带严重，精矿品位提升困难。对萤石精矿的分析可知，品位为85%~88%的萤石精矿中仍还有9%左右的SiO_2，表明绢云母的大量夹杂使得浮选精矿品位提升困难。

（2）方解石与萤石都是含钙矿物，它们对NaOl等脂肪酸类捕收剂均表现出良好的可浮性，两者的浮选分离一直是萤石浮选的重要难题。

（3）萤石浮选中常用的油酸-酸化水玻璃的常规浮选流程长、药剂用量大、抑制效果差。精矿中含硅高、含钙高，选矿水难以回用等传统难题。

综上所述，随着单一型萤石矿资源及易选萤石矿物的枯竭，如何开发利用伴（共）生型萤石矿及难选萤石矿，如方解石-绢云母型萤石矿，如何提高选矿指标，如何提高萤石精粉中化工级产品的比例，增加经济效益，对满足氟化工向高附加值的氟精细化工品靠近有着重要作用。近年来开发利用高效绿色环保且具有选择性的抑制剂是萤石与脉石矿物分离研究的关键。然而参考了大量研究工作者对萤石相关药剂与工艺流程方面的工作，发现许多成果因为技术或经济等原因未能普遍投入工业生产，或者无法适用于这类难选萤石矿浮选。因此选择适宜的绿色有机药剂、组合用药，同时优化选别流程，加强方解石-绢云母型萤石浮选理论研究，采用浮选加酸浸的联合新工艺，提高萤石资源综合利用率具有十分重要的意义。

1.6.2 主要研究内容

由于国内外对云母类萤石矿的研究较少，浮选过程中绿色的大分子药剂应用于大规模的萤石生产的成功案例几乎没有。因此，针对萤石与方解石-绢云母脉石矿的浮选处理工艺需要进行大量深入的工作。本书主要针对湖南某界牌岭萤石矿，属鳞片状绢云母-含炭质方解石-萤石矿，根据其矿石特点，在查阅相关文献的基础上进行以下研究：

(1) 在油酸钠体系下萤石、方解石与绢云母的浮选行为；

(2) 大分子有机抑制剂对萤石与方解石的浮选影响与作用机理（聚丙烯酸，单宁酸）；

(3) 钙离子活化绢云母的浮选行为及机理研究；

(4) 绢云母的夹带行为与机理研究；

(5) 实际矿石浮选试验研究：小试—中试—工业试验，根据实际研究的成果，最终确定最优的浮选流程新工艺。

1.6.3 主要技术路线

技术路线如图 1-1 所示。

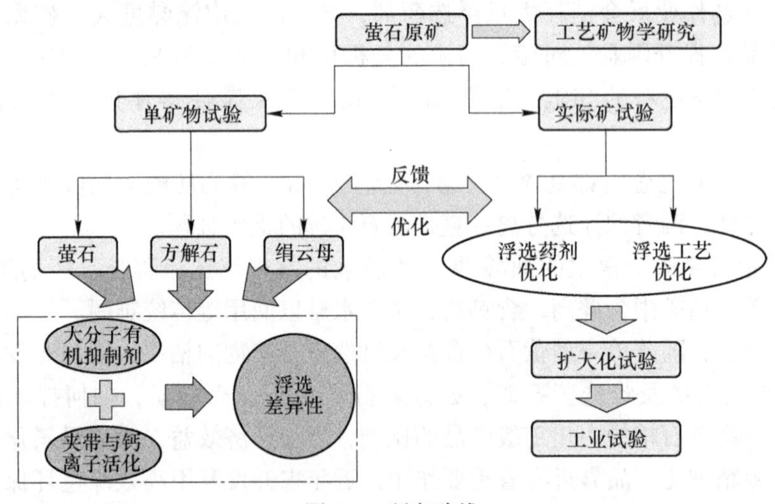

图 1-1 研究路线

2　试样、药剂和研究方法

2.1　矿 样 制 备

2.1.1　试验矿样的制备

试验所用萤石、方解石矿样品购买自湖南省郴州市，绢云母购买自广东省广州市。将所购大块的高品位原矿石用铁锤锤碎至5mm左右，人工挑选出结晶好、纯度高的矿石颗粒，使用单矿物颚式破碎机破碎至小于2mm，进行二次挑选，抛出杂质，然后在陶瓷球磨机中磨细，并利用高梯度磁选机磁选除去表面可能因破碎期间污染的矿样。将磨矿产品利用0.074mm（200目）和0.037mm（400目）的标准筛筛分分级，分别得到0.037~0.074mm粒级与小于0.037mm粒级产品，然后用超纯水多次洗涤，过滤，真空干燥箱烘干（温度25℃），最终矿样置于广口玻璃瓶中保存备用。0.037~0.074mm粒级产品用于单矿物浮选和人工混合矿浮选，小于0.037mm粒级产品用于检测分析。

萤石、方解石和绢云母纯矿物样品的X射线衍射图谱分别如图2-1~图2-3

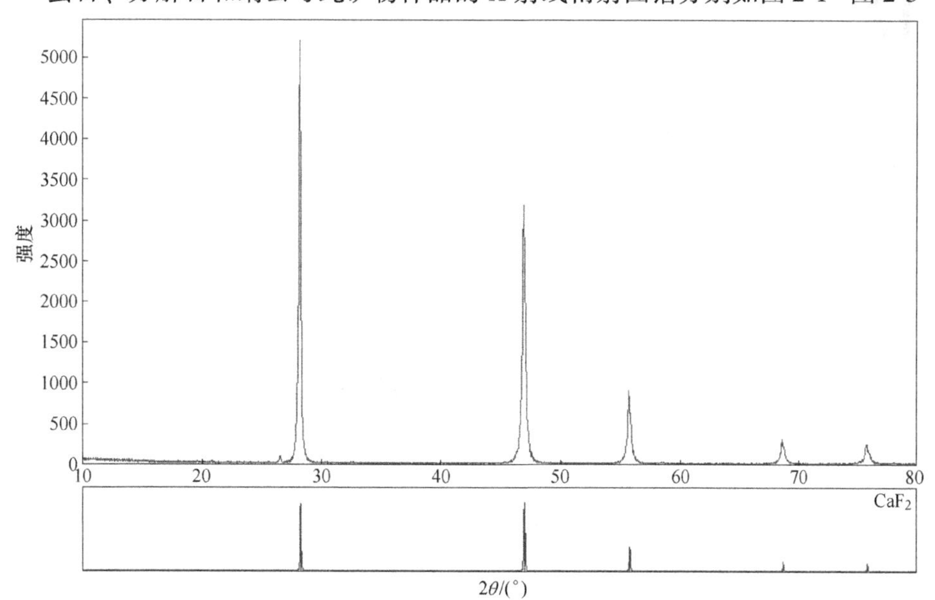

图2-1　萤石纯矿物的XRD图

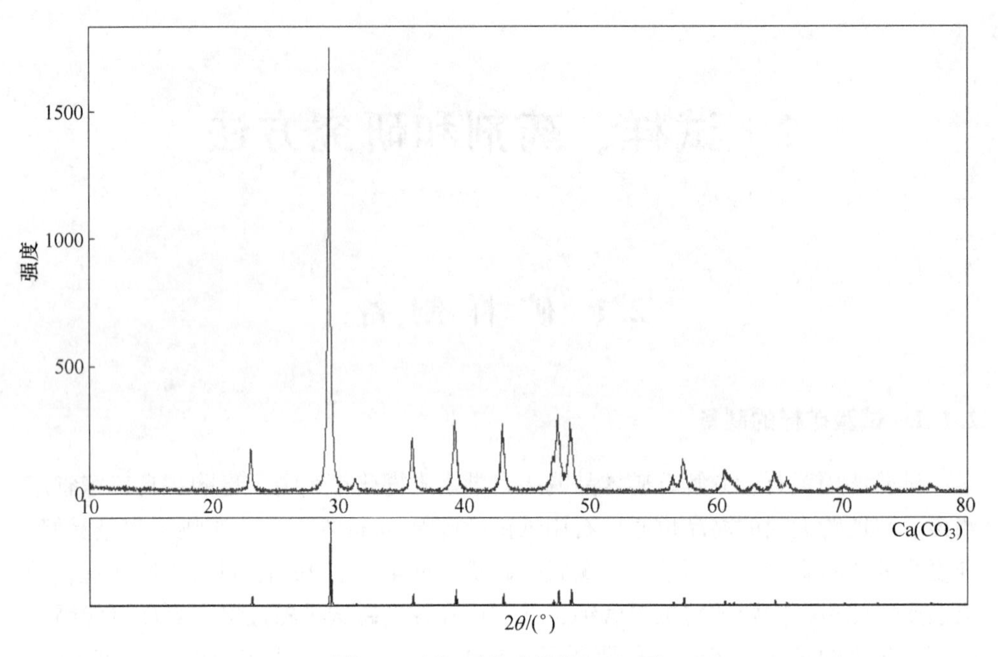

图 2-2 方解石纯矿物的 XRD 图

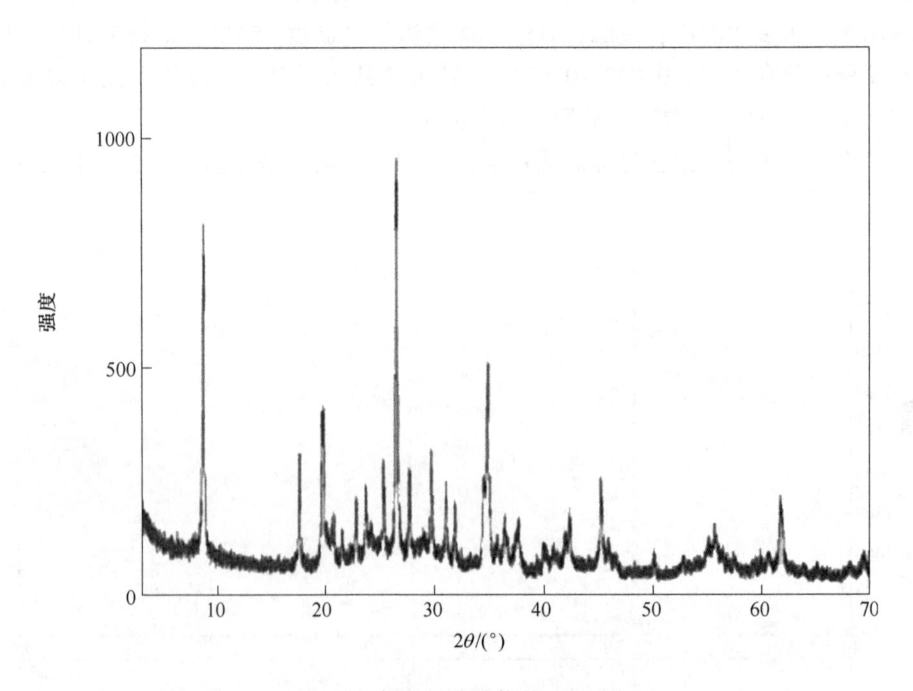

图 2-3 绢云母纯矿物的 XRD 图

所示。萤石、方解石及绢云母单矿物样的化学分析表明，三种矿物的纯度分别为98.41%、97.00%和90.06%，满足纯矿物试验所需要的纯度要求。

2.1.2 实际矿石性质

含钙萤石矿石取自湖南某矿业有限责任公司界牌岭矿区，该矿区主要产出两种不同类型的含钙萤石矿，分别以北部高钙萤石矿石和南部低钙萤石矿石为代表。矿样经显微镜和X射线衍射分析，矿石中主要矿物有萤石、方解石、绢云母、石英、玉髓、重晶石、白云母、水黑云母、褐铁矿和微量的硫化矿物如黄铁矿、方铅矿、闪锌矿、黄铜矿等。

矿石结构主要以粒状萤石为主，且与显微鳞片状绢云母或鳞片状白云母紧密嵌生。一般粒径为0.35~0.175mm，大于0.7mm与小于0.124mm者量少。萤石边缘常被溶蚀呈港湾状，且云母萤石交代岩系由生物屑粉晶灰岩被交代而成。除少量后期脉状产出的萤石质地较为纯净，其内未嵌生其他杂质矿物以外，作为云母交代的主要组成矿物的萤石，其中往往有尘埃状方解石与显微鳞片状绢云母等呈星点状嵌布，萤石与其他矿物的嵌布关系，乃属极复杂的嵌布类型。

2.2 试验药剂以及仪器设备

2.2.1 试验药剂

试验药剂见表2-1。

表2-1 试验药剂

名　　称	化学式	规　格	生产厂家
油酸钠	$C_{18}H_{33}O_2Na$	化学纯	白赛勤化学技术有限公司
氢氧化钠	$NaOH$	分析纯	天津大茂试剂有限公司
碳酸钠	Na_2CO_3	分析纯	天津大茂试剂有限公司
盐酸	HCl	分析纯	天津大茂试剂有限公司
硅酸钠	Na_2SiO_3	分析纯	西陇化工股份有限公司
六偏磷酸钠	$(Na_5PO_3)_6$	分析纯	天津市科密欧化学试剂有限公司
羧甲基纤维素钠	$(C_6H_{11}NaO_7)_n$	化学纯	上海山浦化工有限公司
淀粉	$C_{12}H_{22}O_{11}$	分析纯	天津大茂试剂有限公司
单宁酸	$C_{76}H_{52}O_{46}$	分析纯	上海山浦化工有限公司
草酸	$H_2C_2O_4$	分析纯	天津市科密欧化学试剂有限公司
酒石酸	$C_4H_6O_6$	分析纯	成都市科龙化工试剂厂

续表 2-1

名　称	化学式	规　格	生产厂家
柠檬酸	$C_6H_8O_7$	分析纯	成都市科龙化工试剂厂
聚丙烯酸	$[C_3H_4O_2]$ N 相对分子质量约为 2000	分析纯	天津市科密欧化学试剂有限公司

2.2.2 试验仪器设备

试验所用仪器设备见表 2-2。

表 2-2 仪器设备

设备名称	设备型号	生产厂家
挂槽式浮选机	XFG 型挂槽式浮选机	中国长春探矿机械厂
单槽式浮选机	XFD 型单槽式浮选机	中国长春探矿机械厂
pH 计	PHS-3C 型	上海雷磁
X 射线衍射仪	Shimadzu D/MAX-rA 型	日本 Shimadzu
X 射线荧光分析仪	Bruker AXS S4 Pioneer	德国布鲁克 AXS 有限公司
电热真空干燥箱	DZF-6000	上海博讯实业有限公司
可见-紫外分光光度仪	尤尼柯 UV-2012	上海 Unice 公司
Zeta 电位分析仪	Coulter Delsa440	SX Backmen-Coulter /U. S. A
润湿接触角测定仪	MiniLab ILMS	法国 GBX 公司
表面张力测试仪	MiniLab ILMS	法国 GBX 公司
电子天平	JA 系列	上海天平仪器厂
烘箱	101-4 型电热鼓风干燥箱	上海第二五金厂
TOC 总有机碳分析仪	TNM-L	日本岛津
离心机	GL-20G-Ⅱ	上海安亭科学仪器厂
磁力搅拌器	MYP11-2	上海梅颖浦仪器仪表制造有限公司
荧光分光光度计	日立 F-4500	日本日立公司
中南大学高性能计算平台	曙光 5000	曙光公司

2.3 试验方法

2.3.1 单矿物试验方法

单矿物浮选中，选用容积 40mL 的 XFG5-35 挂槽式浮选机进行，优先考虑转速 1650r/min。浮选预先调控时监测矿浆 pH 值。每次试验样通过电子天平称重为 2.0g，然后放入 50mL 烧杯中，加入 30mL 去离子水，超声波清洗 5min，静置一段时间并倾倒上层清洗液。将清洗后的矿物转移到 40mL 浮选槽中，加入适量去离子水，调浆 2min 后，在加入 pH 调整剂后搅拌 3min，抑制剂加入后 3min，加入捕收剂搅拌 3min，浮选时间为 4min，单矿物浮选判据如下：

$$回收率 R = m_1/(m_1 + m_2)$$

式中，m_1、m_2 分别为泡沫产品和槽内产品质量。

2.3.2 实际矿物试验方法

实际矿石浮选在 XFD 型挂槽式浮选机中进行，体积分别为 1.5L、1L、0.75L 和 0.5L，每次矿样用量干重 500g，分别在中南大学资源加工与生物工程学院矿物工程系试验室和湖南某有限责任公司进行，并通过该公司分析化验室配合化验样品。同时去现场水样进行试验，力求与现场的水及其他条件一致，工业实验及生产应用是在湖南某有限责任公司选矿厂进行。

2.3.3 表面动电位测定

浮选药剂与矿物作用前后的动电位测定（zeta 电位检测）均采用马尔文纳米粒度电位仪测定。

样品制备：采用三轴研磨机将 38~74μm 的矿样再磨至小于 5μm（粒度分析仪检测）备用。

测试流程：每次称量 50mg 矿样置于 100mL 烧杯中，加入一定量的去离子水，再加入一定量的 0.1mol/L 的硝酸钾溶液，磁力搅拌调浆 2min；然后采用稀盐酸或氢氧化钠溶液调节矿浆 pH 值，最终得到固体含量与硝酸钾浓度分别为 0.1%和 0.01mol/L 的矿浆溶液。继续搅拌 5min，静置 5min 后取上清液注入测试皿中，并测试矿样在不同条件下的动电位。矿物与浮选药剂作用后的动电位测定，在调整矿浆 pH 后，加入一定量的药剂溶液，后续操作与无药条件情况一样，测定矿物吸附药剂后的动电位。

2.3.4 吸附量试验及紫外光谱测定

吸附量试验分为两个部分：单组分吸附量试验和预处理后吸附量试验

样品制备：采用三轴研磨机将-74~38μm 的矿样再磨至小于 5μm 备用。

测试流程：（1）每次称量 0.5g 矿样置于 250mL 烧杯中，加入 200mL 等体积不同浓度的药剂（NaOl：1~20mg/L；单宁酸：1~20mg/L；聚丙烯酸：1~20mg/L）；将混合后的悬浮液在 25℃的恒温振荡器中充分混合，并以 140r/min 震荡 2h，固体颗粒用离心机分离 30min，在单宁酸药剂条件下用 UV 2600 分光光度计测量上清液中试剂的浓度，而聚丙烯酸用日本岛津 TOC. V-CPH 总有机碳分析仪。(2) 预处理后吸附量试验，每次称量 0.5g 矿样置于 250mL 烧杯中，加入 200mL 等体积相同浓度的药剂（单宁酸 10mg/L）；将混合后的悬浮液在 25℃ 的恒温振荡器中充分混合，并以 140r/min 震荡 12h；再在其中加入不同浓度的药剂（NaOl：1~20mg/L）并以 140r/min 震荡 2h 后固体颗粒用离心机分离 30min，通过使用 UV 2600 分光光度计测量上清液中试剂的浓度。

药剂吸附在矿物颗粒表面的吸附量计算见式（2-1）：

$$Q_e = \frac{(C_e - C_0)V}{m} \tag{2-1}$$

式中，Q_e为药剂在矿物表面的吸附量；c_0为初始浓度；c_e为上层清液中药剂残余浓度；V为所测溶液的体积；m 为样品的质量。

紫外光谱测试过程：样品的制备与吸附量试验相同，将药剂作用后的样品置于 UV 2600 分光光度计进行紫外光谱测试。

2.3.5　接触角测定

在 GBX 接触角测量仪（法国）上采用悬滴法测定液体在矿物表面的接触角，该测量仪器配备手动成滴系统、高性能 CCD 视频照相机和相应的接触角技术软件，测量精度为±2°。采用切割机将块状样品切割成尺寸为 0.5cm×0.5cm×0.5cm 的粗样，分别经过预磨、精磨和超精磨三个阶段制备样品。预磨依次采用 80 号、120 号、240 号、320 号；精磨依次采用 600 号、800 号、1000 号、1200 号、1500 号、2000 号；超精磨依次采用 2500 号、4000 号和 5000 号。将制备好的样品置于 250mL 烧杯中，并注入一定浓度的抑制剂溶液 100mL；将烧瓶置于恒温水域箱中振荡（100r/min)，确保药剂能够充分与矿物表面接触。振荡 30min 后，取出样品，用去离子水清洗矿物表面的残留溶液，将样品置于真空干燥箱中干燥（40℃)。样品干燥后，取出并置于接触角测量仪样品台上，测量并记录接触角。

2.3.6　红外光谱测试

药剂与矿物作用前后及药剂的红外光谱均在岛津 SHIMADZU 傅里叶交换红外光谱仪上采用透射法进行测定。

样品制备：采用三轴研磨机将-74~38μm 的矿样再磨至小于 5μm，取 100mg 样品置于 50mL 烧杯中，搅拌矿浆并调节 pH 值，加入一定浓度的抑制剂并搅拌 2h，使抑制剂与矿物表面充分作用，过滤并用去离子水洗涤矿样 3 次，真空干燥箱干燥后备用。

测试过程：红外光谱分析测试前，称量 10mg 样品与 100mg 溴化钾在玛瑙研钵中混合研磨均匀，将磨好的样品在置于压片机配件中并压片成型，然后进行红外光谱测试。

2.3.7 X射线光电子能谱测试

X-射线光电子能谱（XPS）技术是灵敏度较高的表面分析技术之一，其主要原料是根据不同元素和不同价态电子结合能的差异性，实现对样品表面的元素及形态进行分析。该技术不仅能提供分子结构和原子价态方面的信息，还可以为化合物提供化合物元素组成和含量、化学状态、分子结构、化学键等方面的信息。

样品制备：样品制备与红外光谱分析制备样品流程一样。

测试条件：利用Thermo Scientific Escalab 250XI光电子能谱仪分析矿物表面元素电子结合能变化，Al-Kα靶，加速电压为12kV，发射电流为6mA，以C的1*s*作为基准峰较准，以284.8eV为能量校正标准，样品分析室压强1×10^{-7}Pa，将样品置于样品架上，进行测试。采用XPS Peak 4.1软件对能谱图进行处理。

2.3.8 动力学计算模拟

2.3.8.1 流体动力学计算

流体动力学（computational fluid dynamics，CFD）是随着计算机科学和流体数值仿真系统的发展而发展。流体动力学（CFD）能够科学预测流体流动、传热、传质、化学反应，通过数学方程求解相关的流体现象，使用数值模拟这些反应过程。简单地说，CFD相当于“虚拟”地在计算机平台上做实验，用以模拟实际的流体流动情况。而其基本原理则是数值求解控制流体流动的微分方程，得出流体流动的流场在连续区域上的离散分布，从而近似模拟流体流动情况。可以认为CFD是现代模拟仿真技术的一种[73]。

CFD具有成本低、速度快、资料完备且可模拟各种不同的工况等独特的优点，故其逐渐受到人们的青睐。尽管CFD方法还存在可靠性和对实际问题的可算性等问题，但这些问题已经逐步得到发展和解决。计算流体力学是多个领域的交叉学科，它涉及的学科有流体力学、偏微分方程的数学理论、计算几何、数值分析、计算机科学等。它的发展促进了这些学科的进一步发展，而各个学科的发展又反过来增强了计算流体力学解决实际问题的能力。

事实上，自然界和工程中大部分的流动都属于湍流，一般来说，湍流是非常普遍的，而层流才属于个别。湍流流动是随时间和空间都呈现出不规则的脉动，是由许多大小不同的漩涡组成。那些大漩涡对于平均流动有比较明显的影响，而那些小漩涡通过非线性作用对于大尺度运动产生影响，大量的质量、热量、动量及能量交换是通过大涡实现的，固液两相的研究主题也在此。而气液中，以研究小涡流的耗散作用为主。湍流运动特性可用连续方程和N-S方程来描述，通过对连续方程和N-S方程的联立求解。可得计算域各处的流动速度和压强等动力学信息[74]。

因此应用欧拉双流体模型模拟单矿物浮选机内气液两相流[75]，探索不同的因素对浮选夹带现象的影响，选择合适的曳力系数表达式和湍流耗散模型，通过试验计算其中各种参数引起浮选机流场的变化，明确各种动力学参数在整个流场中的对矿物夹带情况的作用大小，逐步强化浮选夹带现象的理论认识。

2.3.8.2 第一性原理计算

计算化学[76]自 20 世纪开始发展起来，在物理、化学、生物领域也悄然发展起来。由于实验手段和方法的限制，很多理论和思路无法通过现有实验的手段去检验证实，很多问题成为阻碍科学继续向前推进的障碍。量子化学计算基于很少几条公理假设，经过数学方法进行演算从而得到科学家关心体系的结构性质，逐渐发展成为一门炙手可热的学科。自 21 世纪进入信息时代以来，大型的高性能超级计算机系统在科研中得到普及使用。通过适当的选择理论方法，设计和调节计算中的可控参数，计算化学是一种可以有效解决现有实验手段难以解释的问题，是理论预测研究体系性质的可行方法。基于薛定谔方程的电子结构解决方法是量子化学计算的重要假设。在量子力学中，微观粒子的运动具有波粒二象性，使用波函数 $\boldsymbol{\Psi}(x, y, z, t)$ 来描述。波函数描述了微粒在原子核周围出现的规律，波函数的平方项则描述了在某一时间段内，某一空间区域粒子出现的概率。化学反应是基于分子电子转移而形成新物质结构的过程，通过探索原子、分子的电子结构，即可解决化学中关心的成键断键、分子振动光谱、反应活性位点等问题。电子结构理论通过解薛定谔方程来进行求解，常见的解薛定谔方程的方法有半经验方法和 Hatree-Fock 方法。半经验方法是采用少量的实验数据来帮助近似解薛定谔方程，由于采用实验参数拟合，所得到的结构需要特定的实验参数，适应体系受到限制。Hatree-Fock 方法是一种从头算方法（仅需少量基础实验数据），通过解决多电子方程问题进行近似求解薛定谔方程。Hatree-Fock 方法忽略了运动中的电子与电子之间的相互作用，所以在预测电子结构时，对于较大体系的体系，不仅耗时长，取得的数据也与实验结果有较大出入。而密度泛函理论的出现，则使得量子计算化学的各行业应用上取得了巨大的进步。

密度泛函理论[77]是采用泛函对薛定鄂方程进行求解，密度泛函包涵了电子相关能的计算，计算结果因包含电子相关能，往往要比 Hatree-Fock 方法要精确，计算速度也得到较大提升。速度的提升是源于于采用平均电子气的方法代替多电子计算的问题，使得量子化学计算转为单电子方程求解计算，对于较大体系的计算大大缩减了计算量，在有机分子、无机分子、晶体材料性质计算等方向得到了广泛的应用。杂化密度泛函（hybrid density functional）方法的应用是为了精确的描述电子交换能，通过混合一部分来自 Hatree-Fock 的电子交换能和密度泛函理论的电子相关能达到取长补短的效果。

3 各种抑制剂对萤石、方解石、绢云母浮选行为影响

油酸钠是常见的脂肪酸类捕收剂，对碳酸盐、硅酸盐及长石各类氧化矿矿物具有很好的捕收性能，尤其在萤石实际矿石浮选中，由于主要脉石方解石与绢云母都属于容易上浮的矿物，且萤石矿与方解石溶解产生的钙离子都能够和油酸根作用，导致浮选时油酸钠对两者的选择性较差。为了全面考察萤石、方解石和绢云母的浮选差异，本章对萤石、方解石和绢云母进行单矿物浮选试验，研究了油酸钠为捕收剂的体系下，金属离子及不同抑制剂对萤石矿及主要脉石方解石、绢云母浮选行为的影响，为确定萤石、方解石和绢云母浮选分离工艺条件提供基本依据。

3.1 油酸钠对萤石、方解石、绢云母浮选行为影响

首先考察在中性 pH 值条件下，油酸钠用量对三种矿物浮选性质的影响。结果如图 3-1 所示，可以看出，萤石、方解石类含钙矿物的回收率随着 NaOl 用量的增加而不断递增，但在油酸钠用量为 16mg/L 时，浮选回收率趋于稳定。另外，方解石在同等捕收剂用量下，相比萤石具有更好的可浮性，说明萤石和方解石的浮选分离难度较大。值得注意的是，绢云母的最大浮选回收率在 10%左右，说明在油酸钠作捕收剂时，绢云母矿物的亲水性较强，不容易上浮。

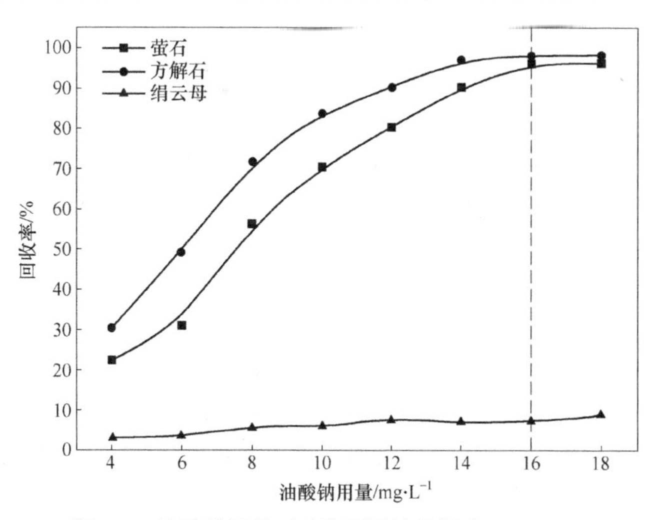

图 3-1 油酸钠用量对矿物可浮性的影响（pH=7）

图 3-2 为 pH 值对含钙矿物浮选影响的试验结果，可见，当萤石、方解石类含钙矿物在油酸钠用量为 16mg/L 时，萤石的回收率随着 pH 的上升迅速增大，当 pH 值为 7.0 时，萤石回收率达到 90.32%，随着 pH 值超过 7 时，萤石的回收率随着 pH 值的不断上升而降低。另外，方解石在 pH 值为 6.0~11.0 范围内都具有良好的可浮性，随着 pH 值的上升，其回收率小幅的增加后趋于稳定。由此在 pH 值为 7，油酸钠含量为 16mg/L 的条件下，进行抑制剂条件试验。

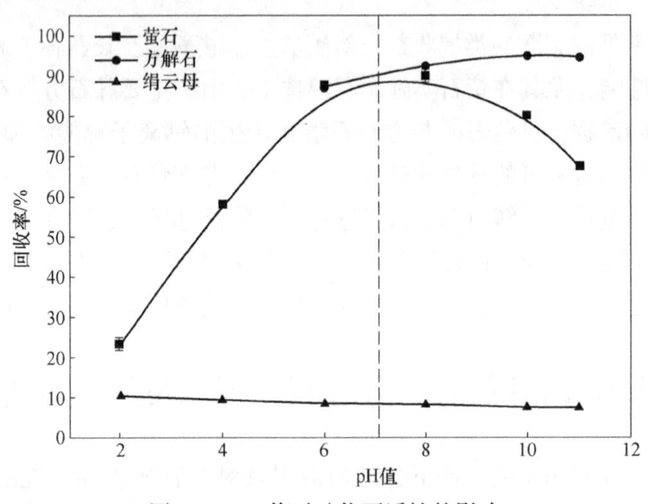

图 3-2 pH 值对矿物可浮性的影响

由图 3-1 和 3-2 还可知，绢云母纯矿物上浮效果不佳，这与实际矿石试验中快速上浮现象不符，查阅相关文献[78]并结合实际情况分析后，该浮选环境中有可能是钙离子活化绢云母，或者是泡沫夹带，因此将在第 3.2 节与第 3.3 节中考察钙离子活化及泡沫夹带对绢云母浮选行为的影响。

3.2 钙离子对绢云母浮选行为的影响

图 3-3 为钙离子浓度对绢云母可浮性影响的试验结果。由图可知，在 5mg/L 的油酸钠条件下，绢云母最大的回收率为 6.9%，出现在 10mg/L 的钙离子浓度范围，随着钙离子的浓度增加，反而回收率出现下降直至稳定在 2%左右。在 10mg/L 的油酸钠条件下，绢云母的最大回收率 12.1%，出现在 25mg/L 的钙离子浓度范围。与 5mg/L 油酸钠的结果对比后表明，捕收剂的增加，绢云母的浮选环境所需要的钙离子浓度也会随之增加，同时被活化后的绢云母回收率增大。当在 20mg/L 的油酸钠条件下，也呈现同样的变化趋势，同时绢云母的最大回收率约为 13%。上述结果表明，钙离子对绢云母活化效果明显，但其活化的效果同时也受到油酸钠捕收剂的用量影响。

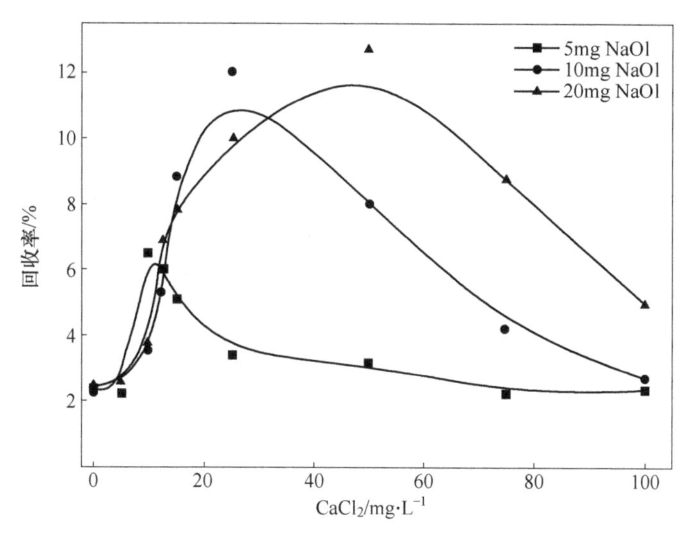

图 3-3 钙离子的浓度对绢云母可浮性的影响（pH 值为 7）

3.3 浮选时间对绢云母浮选行为的影响

目前很多研究[79]都提到，浮选夹带的情况在亲水类硅酸盐矿物上浮中经常出现，因此考虑钙离子活化绢云母的上浮过程中也可能存在夹带现象。而夹带比较的方法目前有三种：一是浮选过程中夹带矿物颗粒在真实浮选所作的贡献。这个方法中，颗粒的粒度大小直接决定了在有无捕收剂存在的情况下的实际回收率。此理论认为，在相同水的回收情况下，夹带的颗粒的质量和粒度种类是完全相同的。二是此方法涉及批量浮选试验中，固定的时间范围内，颗粒和水的回收率是由刮泡的速度和刮泡的深度所决定。颗粒回收率与水的回收率关系是通过线性回归推导得出，起点是水的零回收率，推导的曲线与颗粒回收率的 Y 轴的差距就是真实的回收率。三是主要描述夹带的分类差异性。在浮选过程中颗粒和水受到一种转移系数的影响，此系数表示为 $X_i(t)$。该系数是通过颗粒和水的回收中计算出来的，其根据在于单批次浮选中矿浆组成的变化及泡沫特性。上浮颗粒的质量是任何时间内不同时间间隔下所有回收率之和。

通过上述说明的第三种方法，根据公式：

$$X_{\mathrm{i}}(t)=\frac{m_{\mathrm{ti}}(t)\ c_{\mathrm{tq}}(t)}{m_{\mathrm{eq}}(t)\ c_{\mathrm{ti}}(t)}$$

式中，$m_{\mathrm{ti}}(t)$、$m_{\mathrm{eq}}(t)$ 为任何特定的时间间隔 t 中固体与水的总质量，g；$c_{\mathrm{tq}}(t)$、$c_{\mathrm{ti}}(t)$ 为水和固体的浓度。

实际浮选结果求导计算后，浮选时间对钙离子活化后绢云母可浮性影响试验结果如图 3-4 所示。图 3-4 表明，绢云母的上浮速度随着浮选时间的增大而减小，同时浮选夹带率也随着浮选时间而减小。

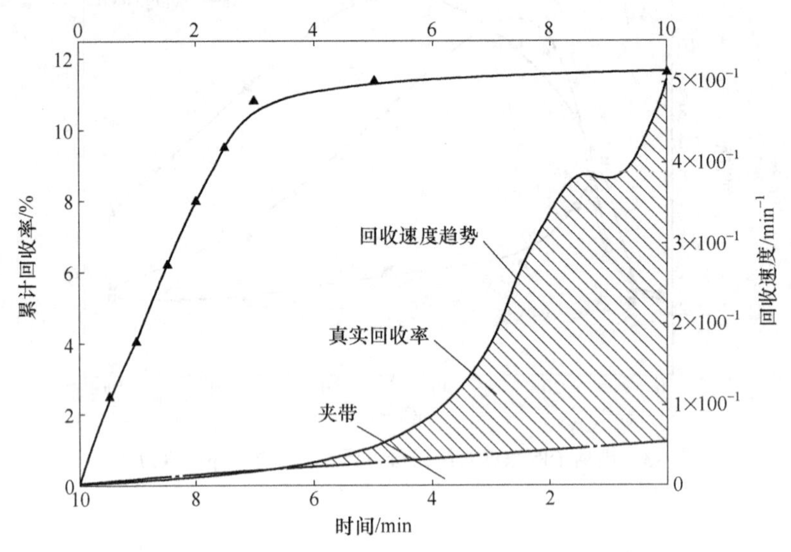

图 3-4　浮选时间对钙离子活化后绢云母可浮性的影响

（NaOl = 10mg/L，$CaCl_2$ = 25mg/L，pH = 7）

对比图 3-3 可知，绢云母趋于稳定的回收率为 2%，其原因是来自浮选的夹带现象，同时也确定钙离子的添加使得绢云母被活化，从而增加了 10%左右的绢云母回收率。

3.4　常用无机抑制剂对萤石与方解石浮选行为的影响

萤石、方解石和绢云母单矿物试验表明，在捕收剂油酸钠用量 16mg/L 条件下，最佳 pH 值为 7 左右，能够保证萤石最佳的上浮条件。但在此浮选条件下，不能实现萤石与方解石的选别分离，因此选择有效的方解石抑制剂是必要的。由于绢云母需单独考虑活化后的抑制，因此下列试验首先以筛选方解石的抑制剂为主。试验选取无机与有机抑制剂两大类，无机类包括水玻璃、酸化水玻璃、六偏磷酸钠、多聚磷酸钠；有机类包括 CMC、淀粉、糊精、草酸、酒石酸、柠檬酸、聚丙烯酸、单宁酸。

3.4.1　水玻璃对萤石与方解石浮选行为的影响

水玻璃是一种无机的胶状抑制剂，是非硫化矿浮选中最常用的调整剂，在 pH 值为 7，油酸钠用量为 16mg/L 的条件下，不同用量的水玻璃对矿物浮选行为的影响如图 3-5（a）所示。图 3-5（b）是确定水玻璃最佳用量（60mg/L）后，pH 值对矿物浮选行为的影响。

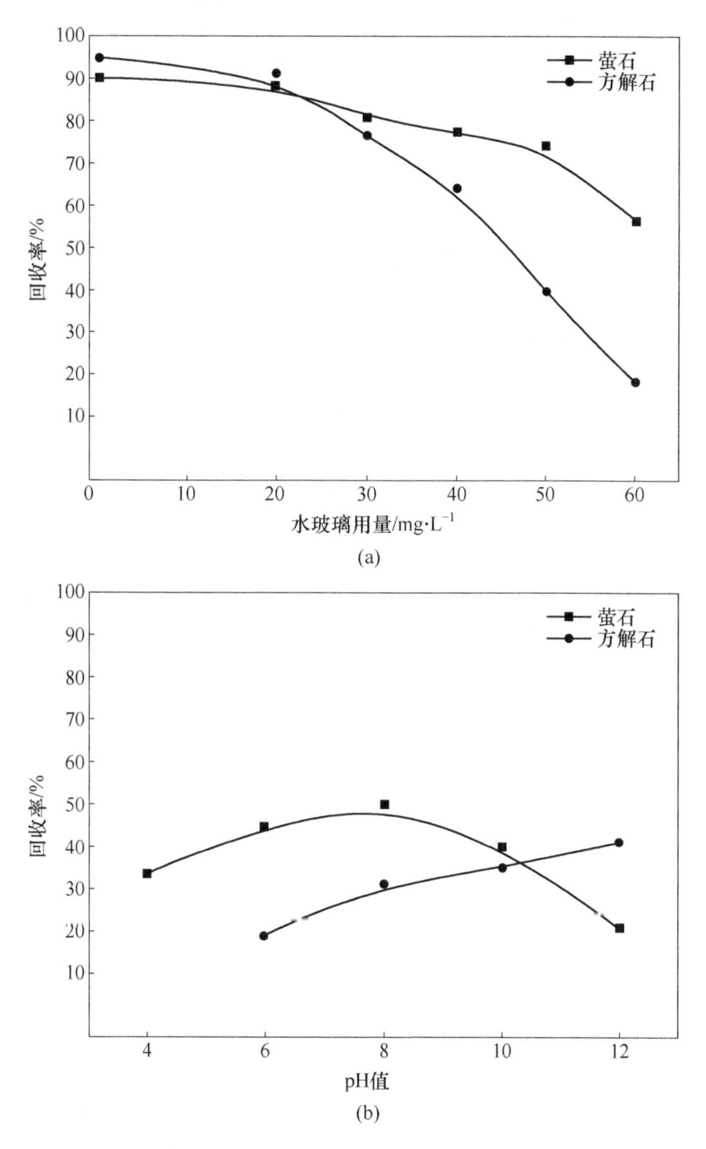

图 3-5 水玻璃用量对矿物可浮性的影响（a）和 pH 值对水玻璃抑制性能的影响（b）

由图 3-5（a）可知，萤石和方解石的回收率均随着水玻璃用量的增加而不断降低。在水玻璃低于 50mg/L 时，两种矿物可浮性相差较小。随着水玻璃用量不断增加，萤石回收率缓慢降低，方解石回收率则急剧下降。常用的抑制剂水玻璃对方解石的抑制效果比较明显。

图3-5（b）则表明，萤石和方解石在pH值小于6时，两种矿物可浮性都较差。随着pH值不断增高，萤石回收率缓慢上升。在pH值为7左右，水玻璃对萤石的抑制较小。pH>8后，萤石回收率急剧下降。在pH值为4~12区间时，方解石浮选回收率持续不断下降。因此弱酸性条件下水玻璃对方解石的抑制效果比萤石更明显。

3.4.2 酸化水玻璃对萤石与方解石浮选行为的影响

在pH值为7，油酸钠用量为16mg/L条件下，酸化水玻璃（AWG）用量对萤石和方解石浮选性能的影响如图3-6（a）所示。上文试验结果可得出，水玻璃在酸性条件下对方解石的抑制比较明显，与大量的研究结果相一致。采用硫酸对水玻璃进行酸化处理，硫酸与水玻璃按质量配比1：1。对比图3-5可知，随着酸化水玻璃用量的增加，萤石和方解石的回收率下降速度更快，在40~60mg/L，两者回收率趋于稳定，酸化水玻璃对方解石的抑制效果明显。

图3-6（b）显示，浮选溶液pH值对酸化水玻璃抑制性能影响较大，当酸化水玻璃为40mg/L时，随着pH值的不断增大，被抑制方解石回收率逐渐增加，证明在碱性条件下酸化水玻璃的抑制效果被削弱。当酸化水玻璃的pH值为6~8时，萤石与方解石之间可浮性差异较大，有利于萤石与方解石的浮选分离。

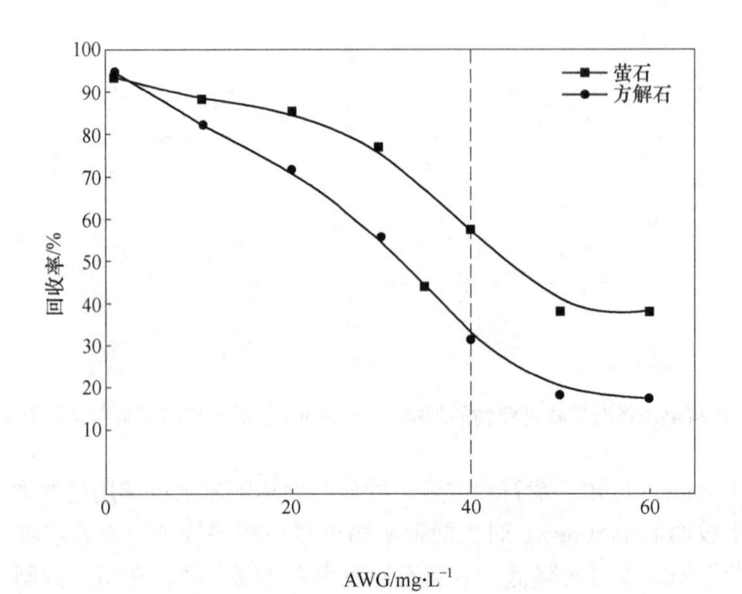

(a)

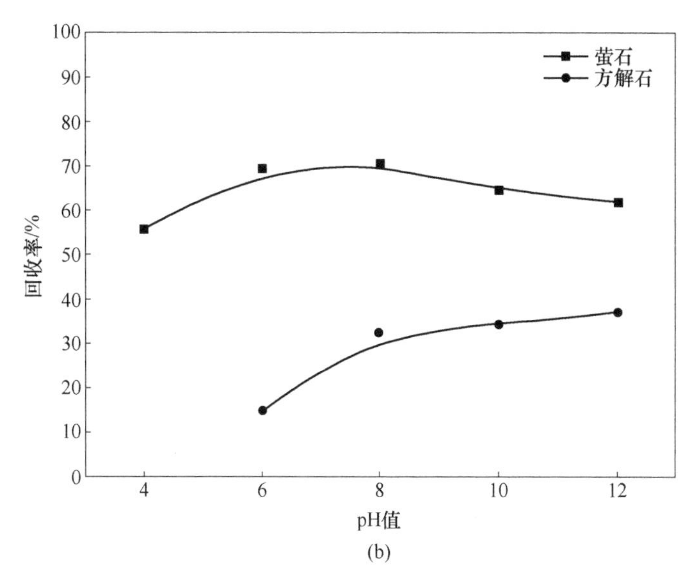

(b)

图 3-6 酸化水玻璃用量对矿物可浮性的影响（a）和 pH 值对酸化水玻璃抑制性能的影响（b）

3.4.3 六偏磷酸钠对萤石与方解石浮选行为的影响

在 pH 值为 7，油酸钠用量为 16mg/L 条件下，不同用量的六偏磷酸钠（SHMP）对矿物浮选行为的影响如图 3-7（a）所示。图 3-7（b）是确定六偏磷酸钠最佳用量（8mg/L）后，pH 值对矿物浮选行为的影响。

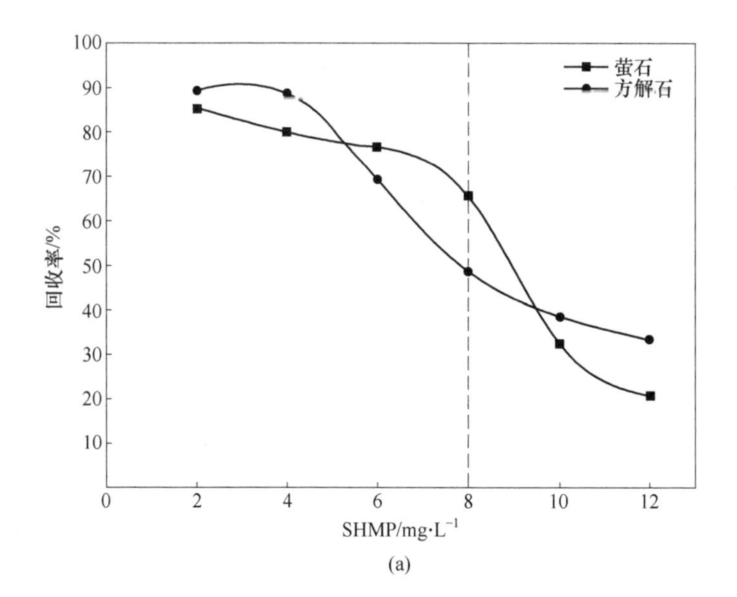

(a)

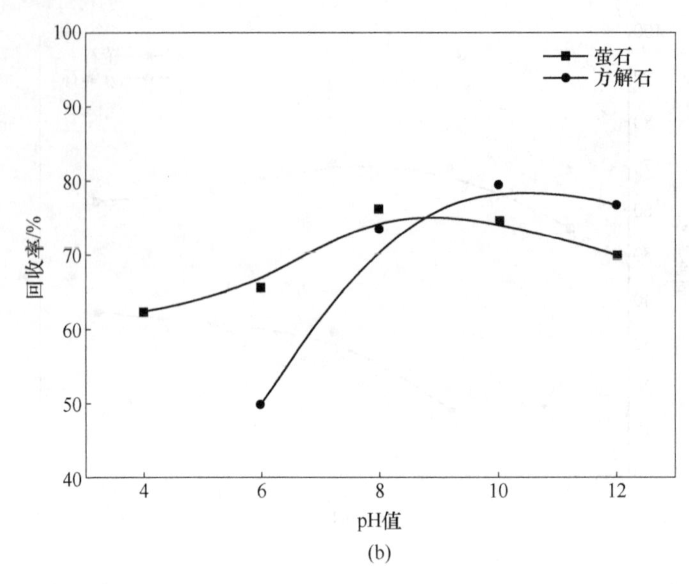

图 3-7　六偏磷酸钠用量对矿物可浮性的影响（a）和 pH 值对六偏磷酸钠抑制性能的影响（b）

由图 3-7（a）可知，六偏磷酸钠对萤石和方解石都有较强的抑制能力，随着六偏磷酸钠用量的增加，两者回收率都出现明显下降的趋势。图 3-7（b）显示，两种矿物均受到抑制，尤其在 pH<8 的环境下，抑制效果更为明显。试验结果表明六偏磷酸钠难以实现萤石与方解石的有效分离。

3.5　有机大分子抑制剂对萤石、方解石、绢云母浮选行为的影响

3.5.1　CMC 对萤石与方解石浮选行为的影响

在 pH 值为 7，油酸钠用量为 16mg/L 条件下，不同用量的 CMC 对矿物浮选行为的影响如图 3-8（a）所示。图 3-8（b）是确定 CMC 最佳用量（20mg/L）后，pH 值对矿物浮选行为的影响。

由图 3-8（a）和（b）可知，CMC 对萤石和方解石几乎没有任何抑制的效果，随着 CMC 用量的增加，两者回收率基本不变。同时证明在 pH 值在 4～12 范围内，萤石反而受到的抑制比方解石更明显。试验结果表明 CMC 不能实现萤石与方解石的有效分离。

3.5.2　淀粉对萤石与方解石浮选行为的影响

早在 20 世纪 30 年代，人们就发现了淀粉的选择抑制作用，主要用于铁矿的反浮选方面。吴永云[80]选择验证过几种常用淀粉在萤石与重晶石分离中的作用，

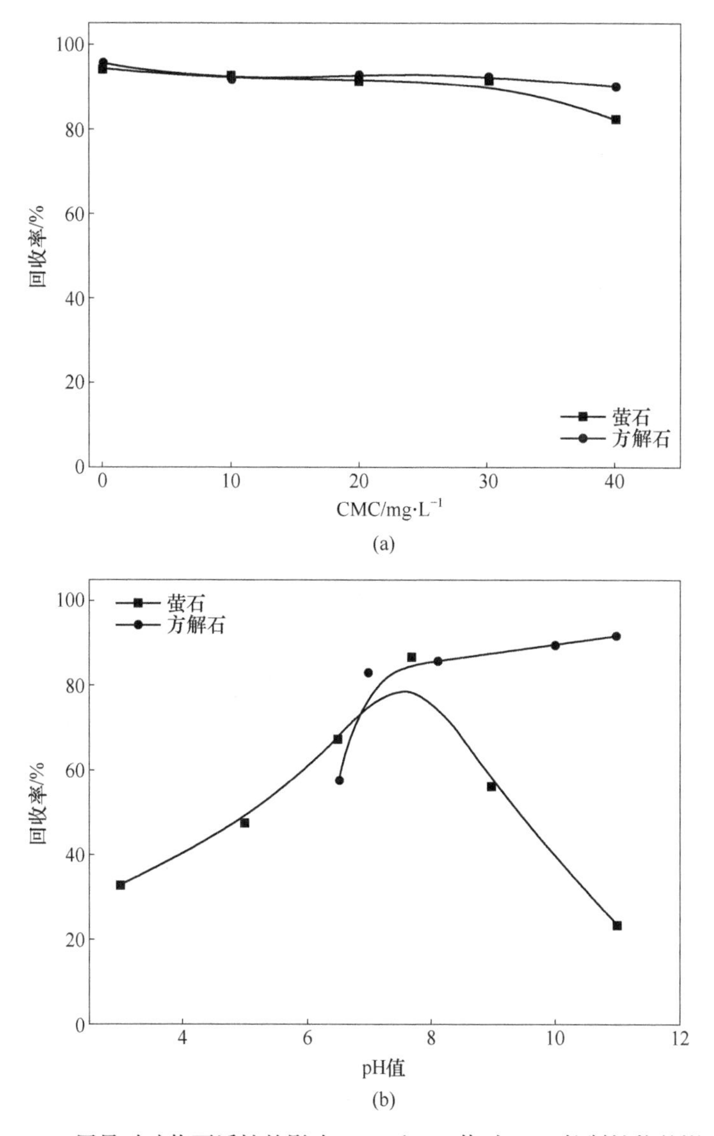

图 3-8 CMC 用量对矿物可浮性的影响（a）和 pH 值对 CMC 抑制性能的影响（b）

这里主要考察淀粉在萤石与方解石分离中的影响。

在 pH 值为 7，油酸钠用量为 16mg/L 条件下，图 3-9 为油酸钠作捕收剂时，淀粉用量及 pH 值对萤石和方解石浮选行为影响。结果表明，淀粉对萤石和方解石没有明显的抑制作用，随着淀粉用量的增加，两者回收率只稍稍降低。在 pH 值为 4~12 范围内，淀粉对两者的抑制作用都不强，试验表明，淀粉不能作为萤石与方解石有效分离的抑制剂。

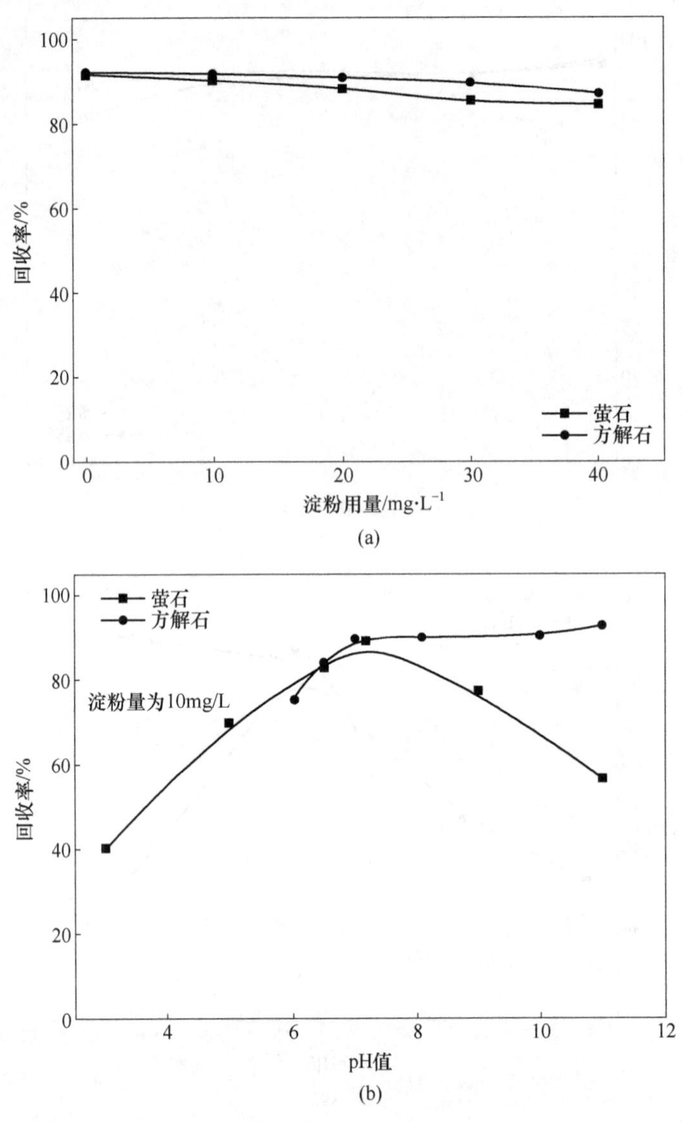

图 3-9　淀粉用量对矿物可浮性的影响（a）和 pH 值对淀粉抑制性能的影响（b）

3.5.3　糊精对萤石与方解石浮选行为的影响

糊精是淀粉水解的产物，相对分子质量在 3000～10000。相比淀粉来说，选择性更好，因此在矿物浮选中应用普遍。早期报道中，糊精主要成功应用与黄铁矿、辉钼矿浮选中[81, 82]。目前在萤石浮选中更多用来抑制重晶石，少量的研究证明糊精对方解石也有一定的吸附[83]。

在 pH 值为 7，油酸钠用量为 16mg/L 条件下，图 3-10 为油酸钠作捕收剂时，糊精用量及 pH 值对萤石和方解石浮选行为影响。结果表明糊精对方解石没有明显的抑制作用，反而能够对萤石产生明显的抑制。随着糊精用量的增加，萤石回收率下降更为明显。另外，在 pH 值为 4~12 范围内，糊精用量为 40mg/L 的条件下，萤石受到的抑制效果也比方解石更强，回收率比方解石低为 20%以上。试验结果表明，此类大分子多糖类都不能实现萤石与方解石的有效分离。

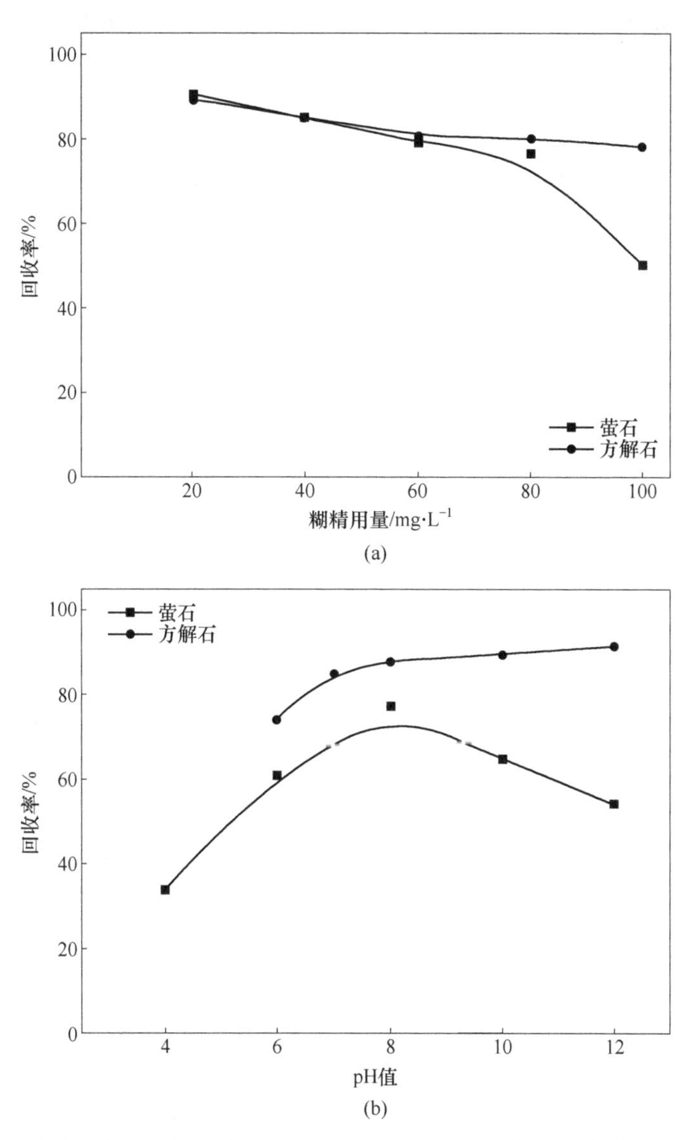

图 3-10 糊精用量对矿物可浮性的影响（a）和 pH 值对糊精抑制性能的影响（b）

3.5.4 草酸对萤石与方解石浮选行为的影响

在 pH 值为 7，油酸钠用量为 16mg/L 条件下，图 3-11 为草酸用量及 pH 值对萤石与方解石可浮性的影响。由图 3-11（a）可以看出，草酸对萤石与方解石矿物可浮性影响显著，随着草酸用量的不断增加，两者的浮选回收率缓慢下降，在草酸用量 20~40mg/L 时，萤石的浮选回收率急剧下降，然而方解石回收率下降速度依然缓慢，说明草酸对萤石抑制效果强于方解石，而且随着草酸用量增加，两者浮选差异性更大。这种情况可以考虑反浮选作为技术手段分离萤石与方解石。

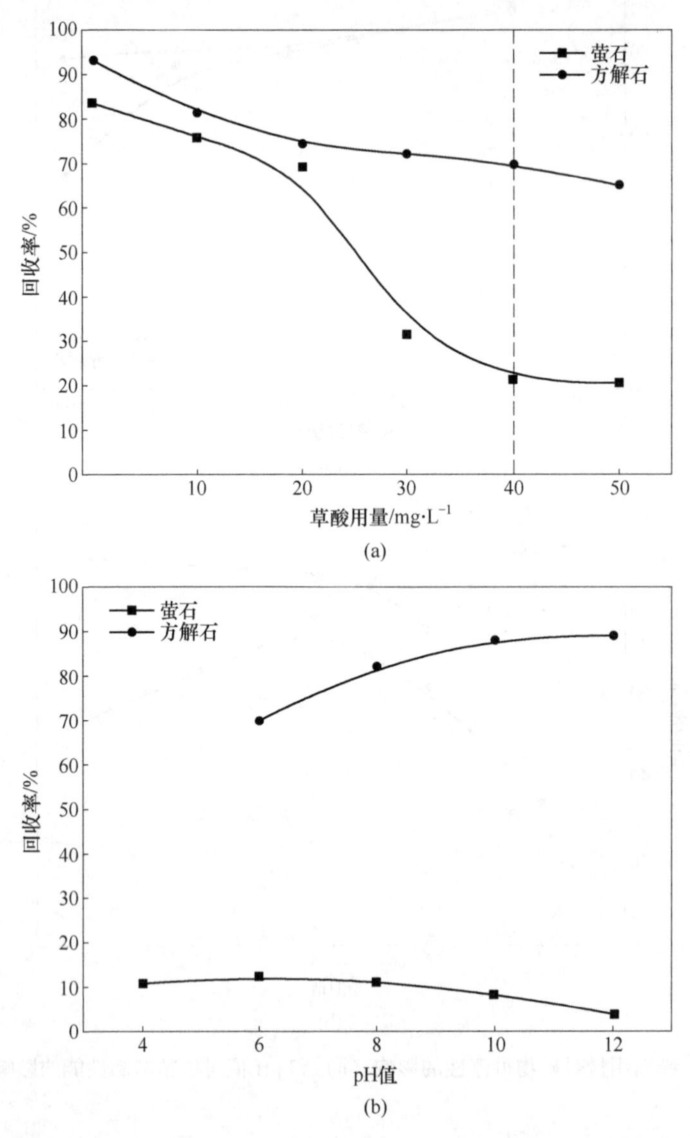

图 3-11 草酸用量对矿物可浮性影响（a）和 pH 值对草酸抑制性能的影响（b）

图3-11（b）进一步说明，草酸用量为40mg/L时，在酸性与碱性条件下，萤石的可浮性都较差。然而方解石的回收率随着pH值不断增加而增加。因此在碱性溶液条件下，草酸抑制目的矿物萤石效果明显。

3.5.5 酒石酸对萤石与方解石浮选行为的影响

在pH值为7，油酸钠用量为16mg/L条件下，图3-12是酒石酸用量及pH值对萤石与方解石可浮性的影响。图3-12（a）结果表明，酒石酸对萤石的抑制效果与草酸的试验结果相似，在酒石酸用量为10~30mg/L时，萤石的浮选回收率下降显著，方解石回收率影响较小。说明酒石酸对萤石抑制效果强于方解石，而且随着酒石酸用量增加，两者浮选差异性更大。

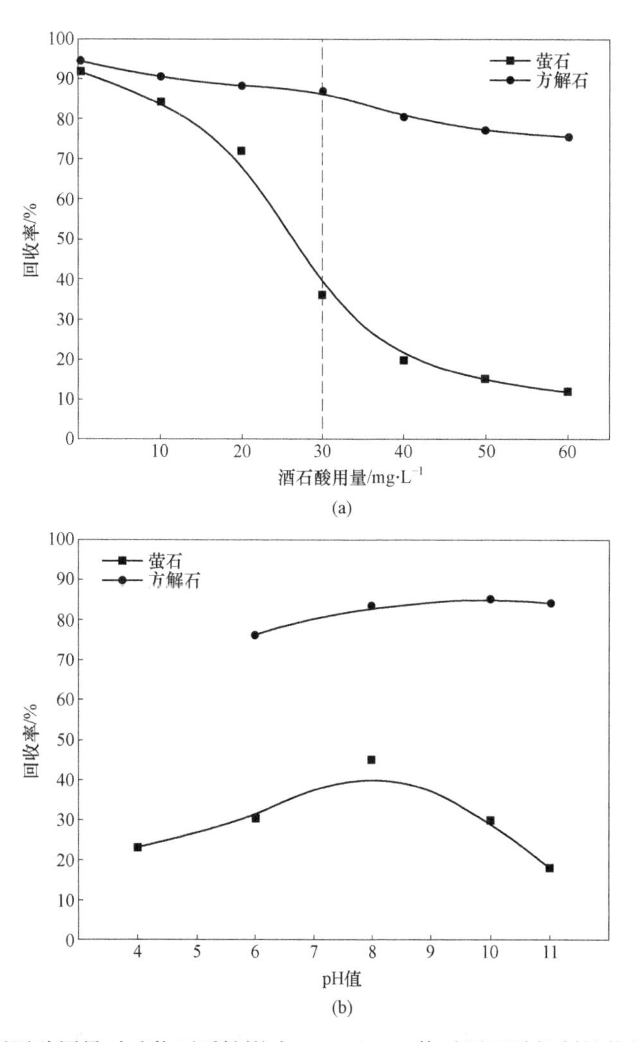

图3-12 酒石酸用量对矿物可浮性影响（a）和pH值对酒石酸抑制性能的影响（b）

由图 3-12（b）可知，在酒石酸用量为 30mg/L 条件下，pH 值小于或者大于 8 时，萤石的回收率都较差，而方解石的回收率随着 pH 值不断增大而缓慢增加。因此在碱性溶液条件下，酒石酸抑制目的矿物萤石的效果也明显。

3.5.6　柠檬酸对萤石与方解石浮选行为的影响

在 pH 值为 7，油酸钠用量为 16mg/L 条件下，图 3-13 为柠檬酸用量及 pH 值对萤石与方解石可浮性的影响，对比图 3-11 与图 3-12 所示的结果可知，柠檬酸对

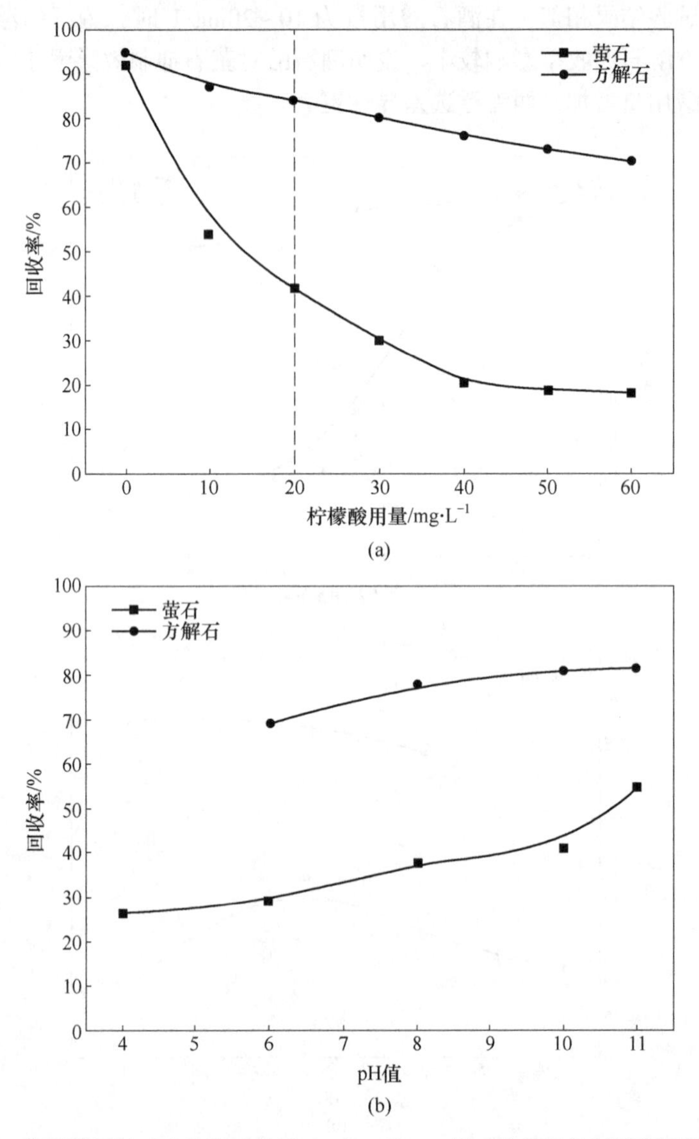

图 3-13　柠檬酸用量对矿物可浮性影响（a）和 pH 值对柠檬酸抑制性能的影响（b）

萤石的抑制效果与草酸与酒石酸也极为类似，在柠檬酸酸用量为 0~30mg/L 时，萤石的浮选回收率下降显著，方解石回收率影响较小，并且 pH 值对两种矿物浮选行为的影响也较小。此现象可能与柠檬酸具备更多的羧基的反应基团有关。此类相同现象说明有机羧酸类抑制剂相比油酸钠捕收剂，更容易与萤石表面作用，方解石表面则相反。

3.5.7 聚丙烯酸对萤石与方解石浮选行为的影响

图 3-14（a）为在 pH 值为 7，油酸钠用量为 16mg/L 条件下，聚丙烯酸对萤石与方解石矿物可浮性影响的试验结果。显而易见，聚丙烯酸对萤石与方解石矿物可浮性影响显著，聚丙烯酸用量在 0~10mg/L 时，萤石回收率从 92.91%下降到 72.71%，回收率下降幅度较小；而方解石从 95.87%急剧下降到 12.34%，回收率下降幅度非常大。表明在该用量下，聚丙烯酸对方解石的抑制能力比萤石强。而当聚丙烯酸在 10~40mg/L 时，萤石的回收率下降也非常明显，从 72.71%下降至 10%左右。在此范围方解石的回收率基本低于 10%，方解石完全被聚丙烯酸抑制。由此可知，只有当适宜的聚丙烯酸用量下（7.5mg/L），才可能实现萤石与方解石的分离。

图 3-14（b）为固定聚丙烯酸用量为 7.5mg/L 时，pH 值对萤石与方解石可浮性影响的试验结果，对比图 3-2 可以看出，当 pH 值从 4 增加至 8，萤石回收率从 61.32%增加至 79.98%。当 pH 值为 8 时，萤石回收率仍可达到 80%左右，然后随着 pH 值增加，萤石回收率缓慢下降。说明聚丙烯酸抑制萤石作用较小，萤石的回收率下降主要由于 pH 值的影响。另外，在 pH 值为 6~12 范围，方解石的回

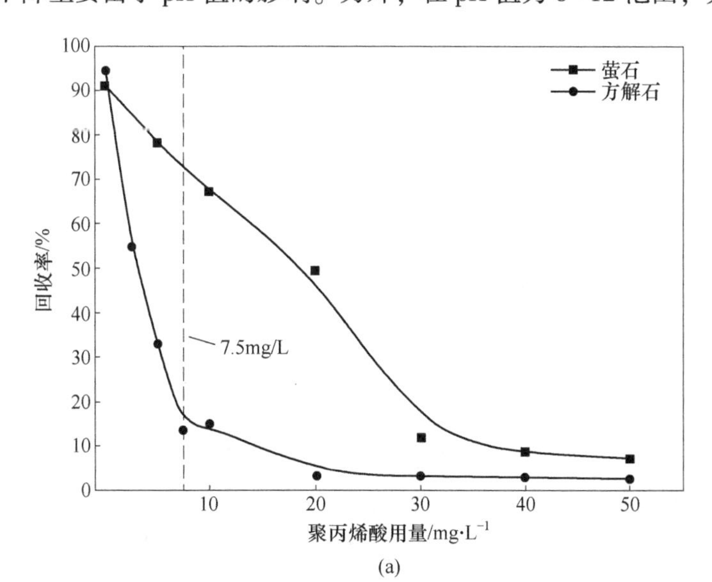

(a)

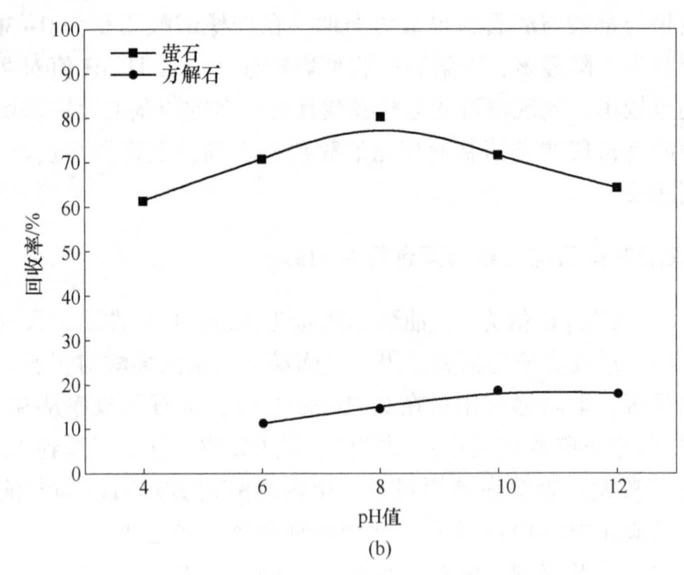

图 3-14 聚丙烯酸用量对矿物可浮性影响（a）和 pH 值对聚丙烯酸抑制性能的影响（b）

收率变化较小，聚丙烯酸对方解石的抑制效果较强，没有受到溶液中 pH 值变化的影响。由此可知，适宜的聚丙烯酸用量（7.5mg/L）和 pH 值，有可能实现萤石与方解石的分离。

3.5.8 单宁酸对萤石与方解石浮选行为的影响

图 3-15（a）为在 pH 值为 7，油酸钠用量为 16mg/L 条件下，单宁酸用量对萤石和方解石可浮性影响的试验结果。结果表明，当单宁酸在 0~10mg/L 时，萤石回收率从 93.09% 下降至 77.83%。而方解石回收率从 96.04% 迅速下降到 9.18%，回收率下降幅度非常大。类似于聚丙烯酸的条件下的试验现象。当单宁酸在 10~50mg/L 时，方解石几乎没有上浮，相比图 3-14 的试验结果，单宁酸对方解石抑制效果比聚丙烯酸更明显。另外在此 pH 值范围，萤石回收率依然呈现缓慢的下降趋势，表明单宁酸没有聚丙烯酸对萤石的抑制强。

图 3-15（b）为固定单宁酸用量为 10mg/L 时，pH 值对萤石和方解石可浮性影响的试验结果。可见，在 pH 值为 6~8 范围，萤石回收率均高于 75%。当 pH 值为 6 左右，萤石回收率可达到 78%左右，然后随着 pH 增加，萤石回收率缓慢下降；当 pH 值大于 10 后，萤石回收率会出现明显下降趋势。对比 3-2 图可知，在弱酸性与中性条件下，单宁酸对萤石的抑制效果较小。另外，在 pH 值为 6~12 范围内，方解石的回收率小幅度变化，说明单宁酸对方解石抑制作用也极强，并不会受到溶液中 pH 值的影响。通过与图 3-14 的结果对比可知，单宁酸对萤石与方解石的浮选分离抑制效果比聚丙烯酸更好。

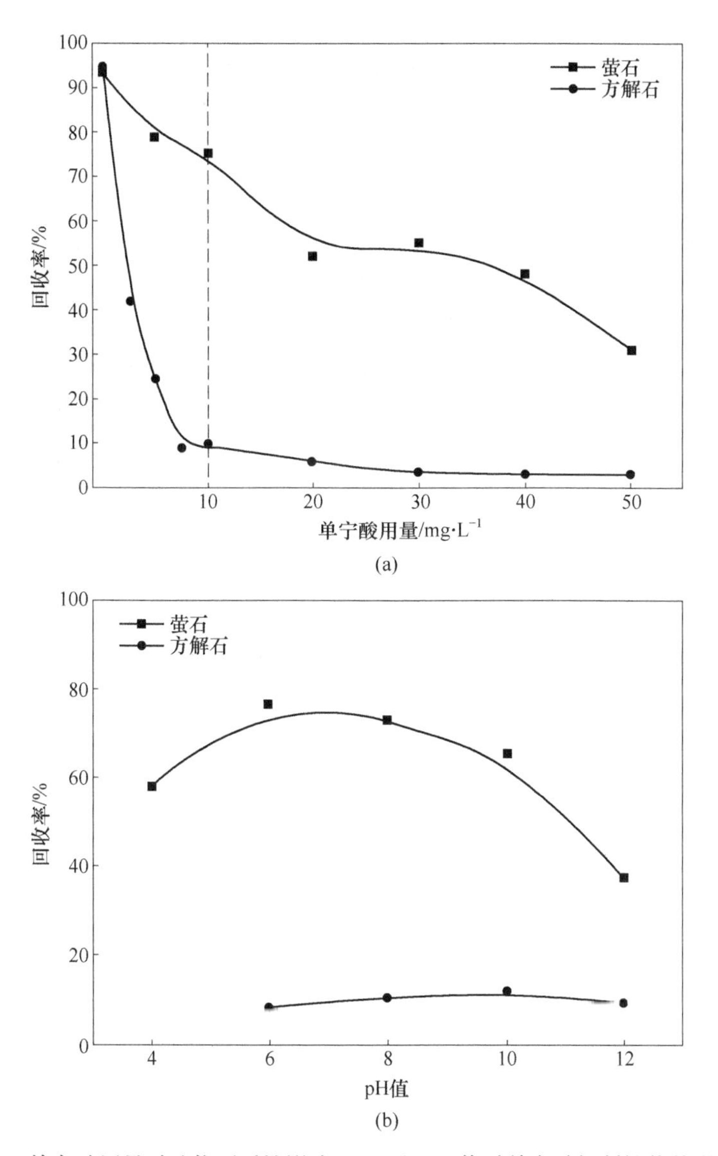

图 3-15 单宁酸用量对矿物可浮性影响（a）和 pH 值对单宁酸抑制性能的影响（b）

3.6 本 章 小 结

（1）油酸钠作为捕收剂时，pH 值对萤石与方解石浮选行为影响较大，确定萤石最佳浮选条件为 NaOl 用量 16mg/L，pH 值为 7。同时发现纯矿物绢云母的可浮性差与实际浮选情况不符。

（2）绢云母上浮的原因包括两方面：一方面，钙离子活化绢云母，油酸钠的增加，绢云母的浮选环境所需要的钙离子浓度会随之增加，同时被活化后的绢云母回收率增大。另一方面，通过浮选时间与上浮速度的关系推导，绢云母上浮中稳定回收率的2%，来自浮选的泡沫夹带现象。

（3）无机类的抑制剂中，水玻璃与六偏磷酸钠对萤石与方解石都有较强的抑制效果，因此两者都不适合作为萤石与方解石分离的抑制剂。酸化水玻璃能够对萤石与方解石浮选分离，但是药剂用量较大，对萤石也有一定抑制作用。

（4）有机类的抑制剂中，CMC、糊精对萤石抑制比方解石效果更强，而淀粉对两种矿物的浮选没有较大影响，因此大分子多糖类都不能实现萤石与方解石的分离。草酸、酒石酸、柠檬酸对萤石的抑制效果明显，对方解石的抑制效果较差，虽然可使两种矿物的可浮性差异增大，但是对目标矿物萤石的抑制太强，此类抑制剂也不适合作为萤石与方解石分离的抑制剂。

（5）聚丙烯酸和单宁酸均对方解石具有较强的抑制作用，但单宁酸对萤石抑制作用较小。当油酸钠用量为16mg/L，聚丙烯酸用量为7.5mg/L，萤石回收率为72.71%，方解石回收率仅为12.34%。或单宁酸用量为10mg/L时，萤石回收率为77.83%，方解石回收率仅为9.18%。试验结果表明，在低用量条件下，两种有机药剂能够实现选择性抑制方解石，浮选萤石的目的。

4 大分子抑制剂与萤石及方解石作用机理

4.1 聚丙烯酸与萤石及方解石的作用机理

在水中漂浮的固体颗粒可以控制许多自然现象和工业过程，包括有价值的矿物浮选和泡沫浮选分离[84]。多年来，接触角（CA）[85]一直被认为是决定粒子漂浮能力的关键因素。实际上，当接触圆的顶角与接触角相等时，就可以推测出对矿物颗粒的向上的最大作用力（韧性）。通过接触角测量，了解药剂作用前后萤石与方解石接触角的变化趋势，进而发现接触角对萤石方解石浮选行为的影响。

4.1.1 聚丙烯酸对萤石与方解石表面润湿性的影响

图 4-1 为中性条件下聚丙烯酸浓度对萤石表面接触角的影响。从图中可知，在 pH 值为 7 的条件下，随着聚丙烯酸用量的增加，萤石表面的接触角会逐渐减小。说明聚丙烯酸能够吸附在表面导致萤石表面亲水性增加，但由于萤石接触角减小的趋势较缓，说明聚丙烯酸的吸附对萤石表面亲水性的影响有限。

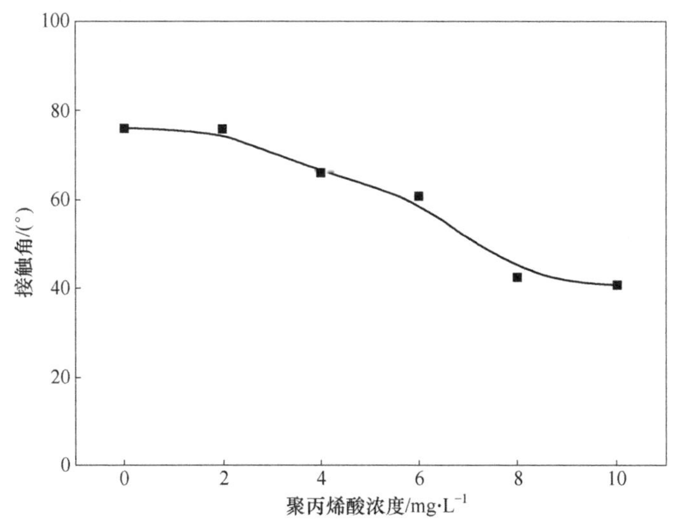

图 4-1 聚丙烯酸浓度对萤石表面接触角的影响

图 4-2 为 10mg/L 聚丙烯酸条件下，不同 pH 值对萤石表面接触角的影响。从

图中可知，随着 pH 值的不断增大，萤石的表面接触角也会逐渐减小，其表面亲水性缓慢增强。这说明高碱性的条件下会促进聚丙烯酸的吸附，从而增加萤石的亲水性。

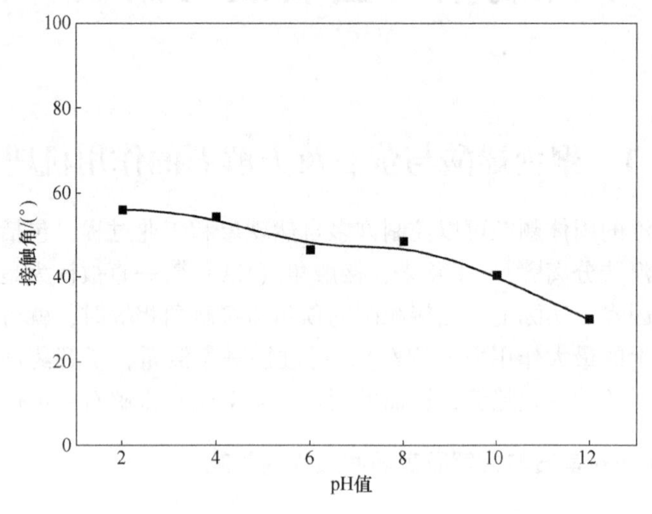

图 4-2 pH 值对萤石表面接触角的影响

图 4-3 为中性条件下（pH 值为 7）聚丙烯酸浓度对方解石表面接触角的影响。从图中可知，随着聚丙烯酸用量的增加，方解石表面的接触角显著减小。当聚丙烯酸用量不小于 4mg/L 后，方解石的接触角由约为 70°快速下降到 20°左右。说明采用较小用量的聚丙烯酸，就能够有效吸附在矿石表面，并导致方解石表面强烈亲水，与纯矿物浮选的结果相吻合。

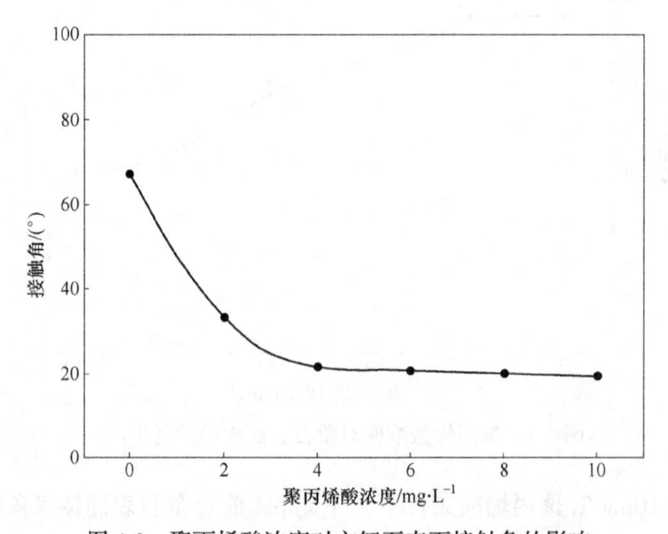

图 4-3 聚丙烯酸浓度对方解石表面接触角的影响

图 4-4 为 10mg/L 聚丙烯酸条件下，不同 pH 值对方解石表面接触角的影响。从图中可知，方解石表面被聚丙烯酸作用后，其表面的亲水性极强，并不会受到 pH 值变化的影响。这说明聚丙烯酸可以充分于吸附于方解石表面，大大增强方解石的亲水性。

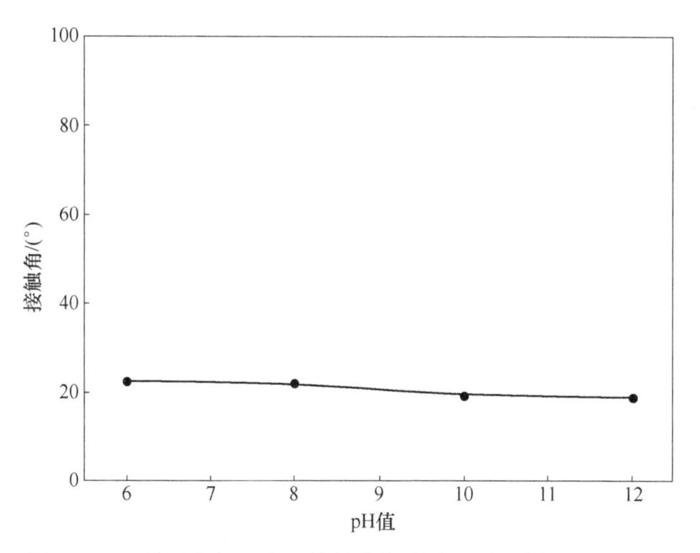

图 4-4　pH 值对方解石表面接触角的影响（聚丙烯酸 = 10mg/L）

4.1.2　聚丙烯酸在萤石与方解石表面吸附量

图 4-5 为在温度 25℃下，聚丙烯酸和油酸钠在萤石表面上的吸附等温线，通过用 Langmuir 方程和 Freundlich 方程同时拟合，比较后显示 Langmuir 方程拟合 R^2 大于 97%，因此图上 Langmuir 方程拟合的结果更加与实际情况接近一致。说明聚丙烯酸和油酸钠在萤石表面均匀的单层吸附，并且在同一原始药剂浓度下，对比两者发现，聚丙烯酸在萤石表面的吸附量要大于油酸钠。参照前面单矿物浮选试验结果可得出，当聚丙烯酸与油酸钠同时存在，有可能竞争吸附于萤石表面。

图 4-6 为在温度 25℃下，聚丙烯酸和油酸钠在方解石表面上的吸附等温线，通过用 Langmuir 方程和 Freundlich 方程同时拟合，聚丙烯酸在方解石吸附结果与 Freundlich 方程拟合结果相近。而油酸钠在方解石吸附结果与 Langmuir 方程拟合结果相近。这说明油酸钠在方解石表面均匀的单层吸附，但是聚丙烯酸在方解石表面吸附形态明显不同，吸附强度并没有油酸钠大，估计是多层不均匀的混合吸附。结合前述的浮选试验结果推断，聚丙烯酸在方解石表面大量不均匀吸附，有可能阻碍后续油酸钠的单层均匀吸附。

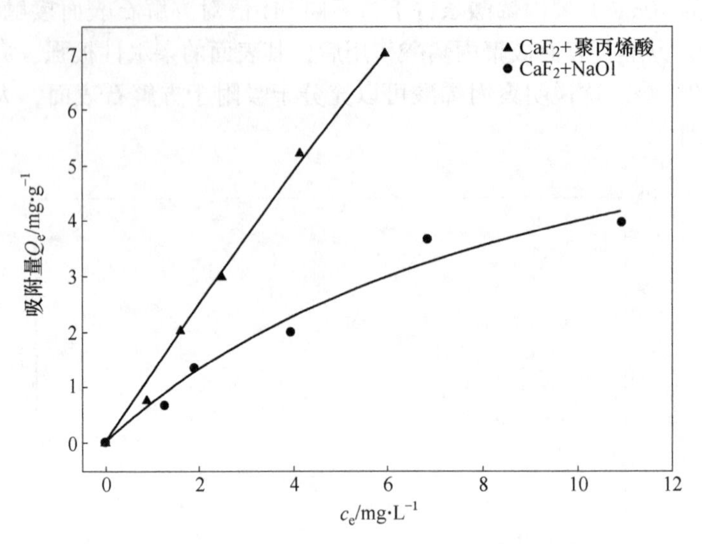

图 4-5　药剂浓度对聚丙烯酸和油酸钠在萤石表面吸附量的影响

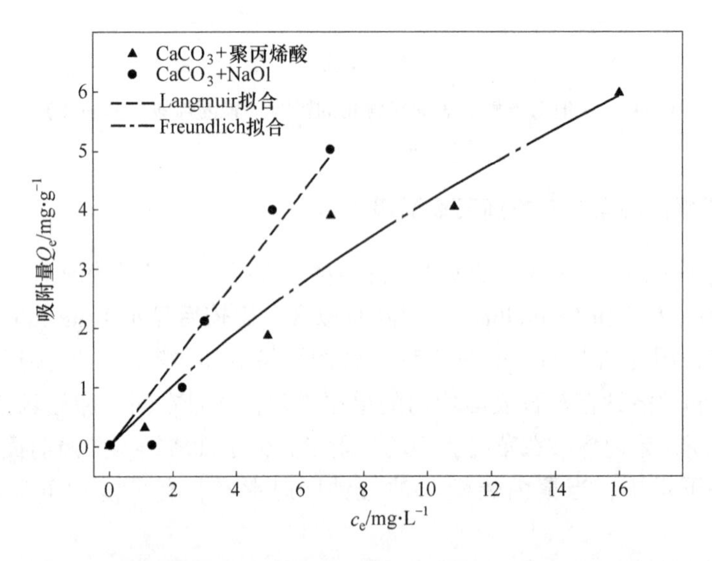

图 4-6　药剂浓度对聚丙烯酸和油酸钠在方解石表面吸附量的影响

4.1.3　萤石和方解石与油酸钠和聚丙烯酸作用前后表面动电位的变化

Yuehua Hu 和 Miller 等许多学者[86-88]研究结果证明，大部分矿物表面电位的差异能够直接对矿物浮选的分离产生影响。其中，浮选药剂主要在矿物表面发生吸附，该吸附过程会受到矿物表面电性的影响，甚至吸附后对矿物表面电性发生巨大改变，故表面电性的测定就显得尤为重要。试验考察了油酸钠和聚丙烯酸对萤石和方解石表面动电位的影响，结果如图 4-7 所示。

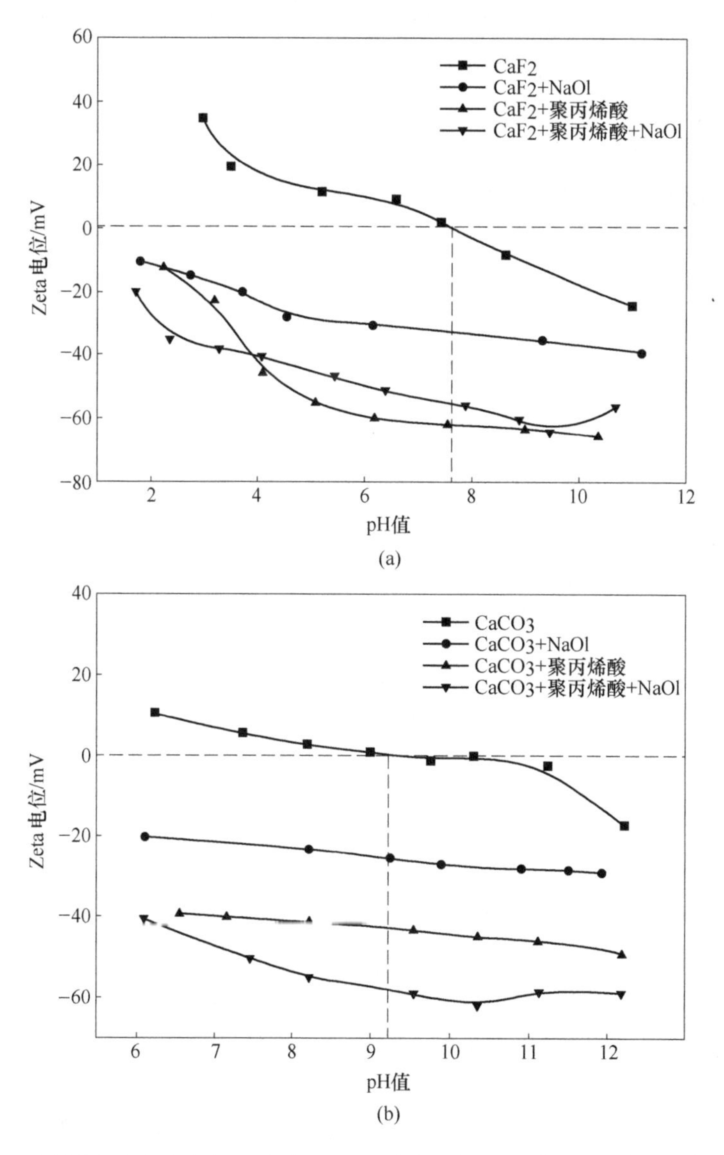

图 4-7 药剂作用前后萤石 zeta 电位（a）和方解石 zeta 电位（b）与 pH 值的关系

由图 4-7（a）可知，萤石的等电点在 7.3 左右，介于文献报道[89]中测定值 6.5~10.5。当矿浆 pH 值小于 7.3 时，萤石表面荷正电，容易与阴离子药剂相作用；当矿浆 pH 值大于 7.3 时，萤石表面荷负电，阴离子药剂难以通过静电引力吸附。当溶液中加入 16mg/L 的油酸钠时，萤石表面动电位值明显下降，与文献报道的研究结果[90, 91]吻合，油酸钠能够通过静电与化学作用吸附于萤石表面。另外，当溶液中加入 7.5mg/L 的聚丙烯酸时，萤石表面动电位值相比空白条件下时，平均降低 45mV，下降幅度比油酸钠条件下的情况更为明显。但是，在此溶液中再加入油酸钠后，萤石表面的动电位变化较小，动电位呈现增加且接近单一油酸钠情况的趋势。考虑这种现象，假设有两种可能性：（1）聚丙烯酸优先吸附在萤石表面，阻碍后续的加入的油酸钠吸附；（2）聚丙烯酸优先吸附在萤石表面，被后续加入油酸钠所取代。结合浮选试验现象，初步判定第二种可能性为主。

由图 4-7（b）可知，方解石的等电点在 9.2 左右，介于文献报道中测定值 9~11.5 之间。同样，加入 16mg/L 的油酸钠时，方解石表面动电位值也明显下降，与许多研究结果[92-94]相吻合。而且当加入聚丙烯酸时，方解石表面动电位值相比不加药剂时，平均降低 40mV，下降幅度也比油酸钠条件下的情况更为明显。但是，在此溶液中再加入油酸钠后，方解石表面的动电位进一步的降低 20mV 左右。此现象说明聚丙烯酸有效吸附在方解石表面后，矿物表面仍有吸附位点提供油酸钠吸附。另外，接触角的试验已证明聚丙烯酸吸附更强，导致方解石亲水。因此进一步推断出，方解石表面的吸附位点与萤石表面不同，更容易与聚丙烯酸及油酸钠同时作用。

4.1.4　萤石和方解石与聚丙烯酸作用前后表面红外光谱分析

为了进一步分析聚丙烯酸及油酸在萤石和方解石表面吸附机理，采用红外光谱对聚丙烯酸在萤石和方解石表面的吸附进行了分析，如图 4-8 所示。

由图 4-8 可知，未被处理过的纯矿物萤石和方解石的红外光谱中，在 $2357cm^{-1}$ 和 $2360cm^{-1}$ 附近的伸缩振动峰，认为是样品被空气中或者溶液中二氧化碳污染，可忽略。聚丙烯酸样品的红外特征峰出现在—C═O 的 $1618cm^{-1}$，—C—O 的 $1108cm^{-1}$ 及—OH 弯曲带出现在 $1275cm^{-1}$[95, 96]。

由图 4-8（a）可得，中性条件下，与聚丙烯酸作用后的萤石样品，在 $1618cm^{-1}$ 和 $1108cm^{-1}$ 区域出现新的不对称振动峰，归因于聚丙烯酸中的 C═O 和 C—O 结构，但是峰的位置在萤石表面并没有改变，只有—OH 的弯曲振动峰有较小的位移。可以推断聚丙烯酸吸附于萤石表面是物理吸附，有文献报道，油酸钠在萤石表面以化学吸附为主，因此，油酸钠在萤石表面的作用比聚丙烯酸更强，两者同时与萤石作用时，油酸钠竞争吸附更强，表现为聚丙烯酸对油酸钠浮选萤石的抑制效果不强，与纯矿物浮选结果相吻合。

由图 4-8（b）可知，中性条件下，与聚丙烯酸作用后，方解石表面在 $1627cm^{-1}$ 和 $1319cm^{-1}$ 出现新的不对称振动峰，归因于—C═O 特征峰在 $1627cm^{-1}$ 附近拉伸振动，而且特征峰发生了偏移，偏移量为 $9cm^{-1}$。特别的是—OH的弯曲

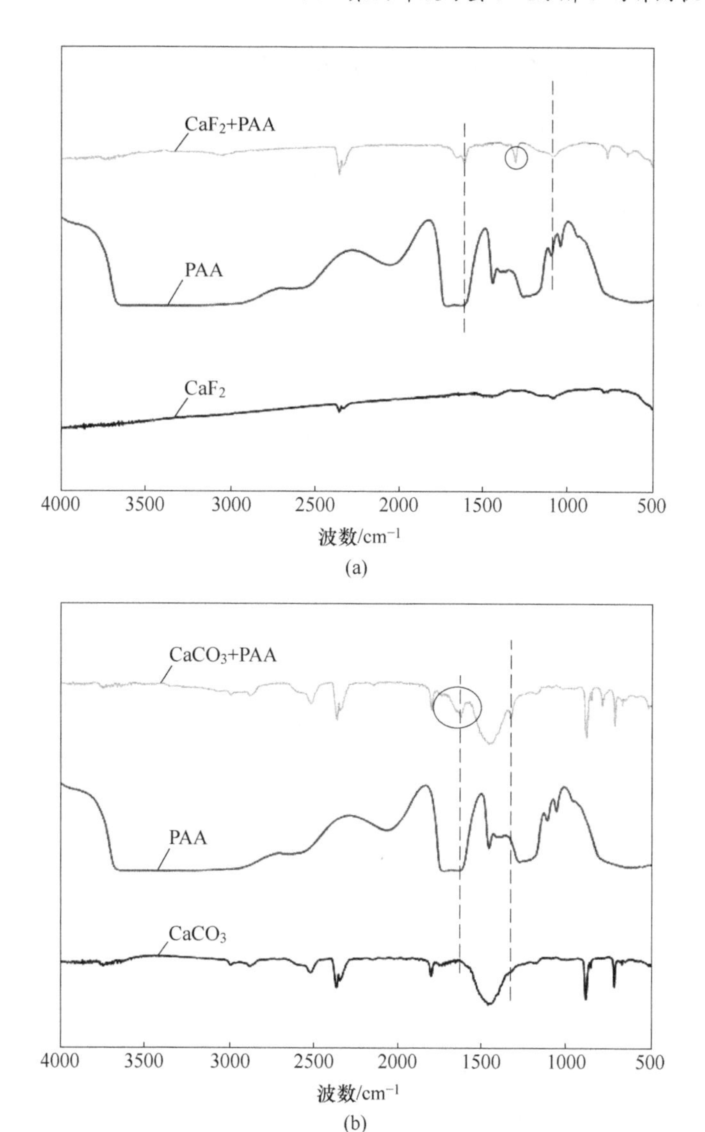

图 4-8 聚丙烯酸作用前后萤石（a）和方解石（b）的 FT-IR 光谱分析

峰能带从 $1275cm^{-1}$到 $1319cm^{-1}$，向高能级带偏移了 $44cm^{-1}$，这可能是羟基中共价键转化为氢键，削弱了 O—H，说明方解石表面有羟基化的复合结构与聚丙烯酸发生复杂的作用，表明聚丙烯酸在方解石表面发生化学吸附。有文献报道油酸钠在方解石表面也以化学吸附为主，根据溶液化学分析[97,98]发现，并与方解石表面羟基化的结构是 $Ca(OH)^+$有关。因此，油酸钠和聚丙烯酸两者同时与方解石作用时，发生强的竞争吸附，表现为聚丙烯酸对油酸钠浮选方解石的抑制作用强，与纯矿物浮选的结果相吻合。

4.1.5　萤石和方解石与聚丙烯酸作用前后表面 XPS 分析

XPS 是一种对矿物表面进行定性、定量分析及结构鉴定的极有力工具，即它能测定样品表面的元素组成，并能利用元素原子中电子的特征结合能来鉴别物质的存在状态。采用 XPS 技术来描述不同试样的表面元素组成及表面态，进一步考察聚丙烯酸（PAA）与萤石和方解石的浮选分离的作用机理，结果如图 4-9～图 4-12 所示。

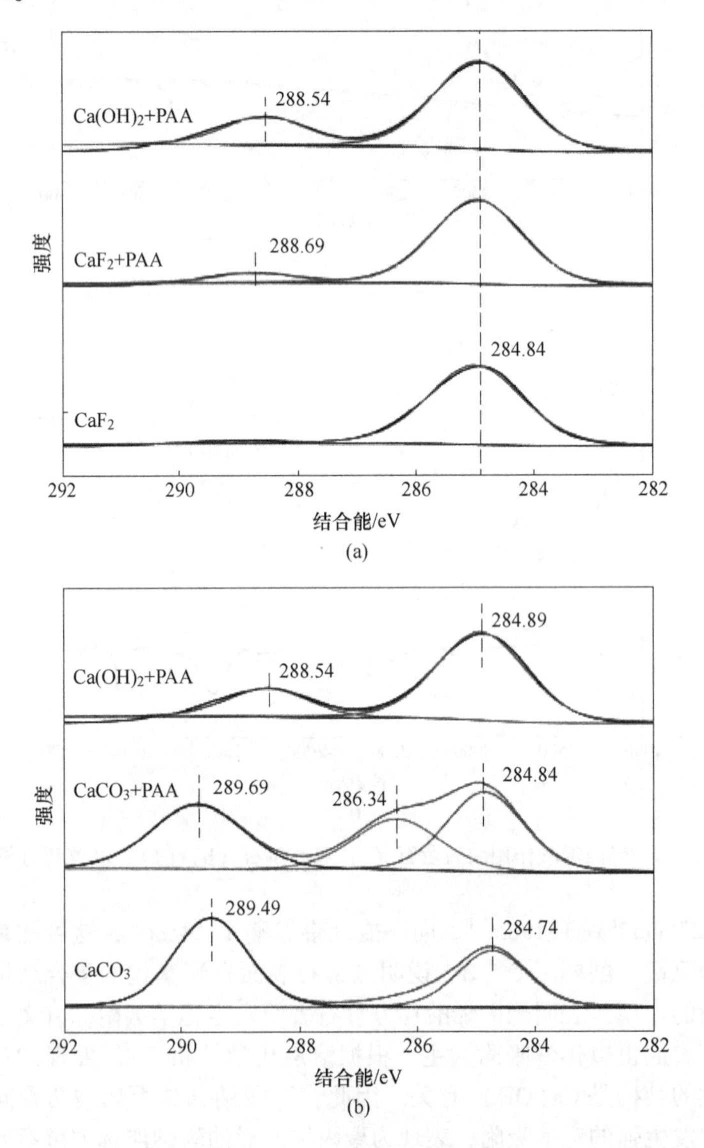

图 4-9　萤石（a）和方解石（b）在聚丙烯酸作用前后 C 的 1*s* 的 XPS 谱图

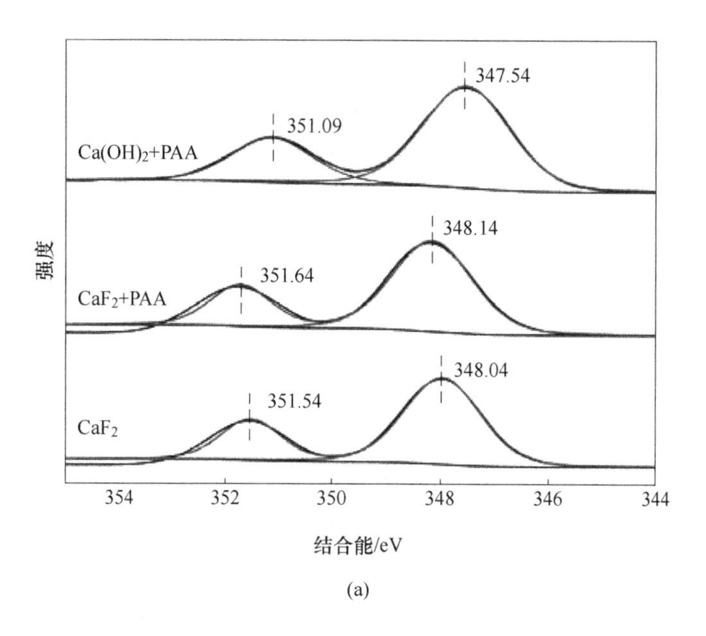

(a)

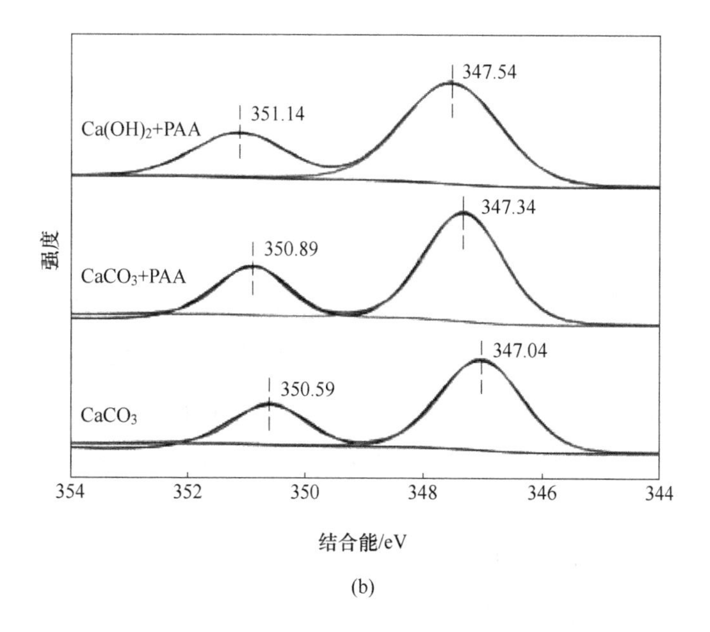

(b)

图 4-10 萤石（a）与方解石（b）在聚丙烯酸作用前后 Ca 的 2*p*XPS 谱图

由图 4-9（a）的结果可以看出，纯矿物萤石表面 C 的 1*s* 峰位于 284.84eV，碳主要来源于样品污染及大气中 CO_2。聚丙烯酸（PAA）作用后的萤石，发现新的特征峰位于 288.69eV，这应该是聚丙烯酸中的—C═O 键引起的[99]，再次说明聚丙烯酸能够吸附于萤石表面。同时对比 CaF_2+PAA 与 $Ca(OH)_2$+PAA 的 C 的 1*s* 谱图可知，$Ca(OH)_2$与聚丙烯酸作用更强。

由图 4-9（b）的结果可知，聚丙烯酸作用后的方解石，发现新的特征峰位于 288.34eV，同时 $CaCO_3$的 C═O 的结合能向高能方向位移 0.2mV。这应该是聚丙烯酸中的—C—O 键引起的[100, 101]，进一步说明聚丙烯酸能够化学吸附于方解石表面。

由图 4-10（a）的结果可以看出，纯矿物萤石中 Ca 的 $2p_{1/2}$和 Ca 的 $2p_{3/2}$峰位于 348.04 和 351.54。在萤石表面与聚丙烯酸作用后，发现萤石中 Ca 中 $2p_{1/2}$和 Ca 的 $2p_{3/2}$峰位于 348.14 和 351.64，化学结合能位移仅为 0.1eV，在误差 0.3eV 范围内，说明聚丙烯酸并没有化学吸附于萤石表面，再结合图 4-11 的结果，萤石与聚丙烯酸作用前后的 F1s 峰完全没有变化，可以进一步说明，聚丙烯酸在萤石表面的吸附为物理吸附，与红外光谱结果推断基本一致，也基本解释了纯矿物浮选的结果和聚丙烯酸对油酸钠浮选萤石的抑制作用不强的原因。

由图 4-10（b）的结果可以看出，纯矿物方解石的中 Ca 的 $2p_{1/2}$和 Ca 的 $2p_{3/2}$峰位于 347.04 和 350.59。在萤石表面与聚丙烯酸作用后，发现方解石的 Ca 中 $2p_{1/2}$和 Ca 的 $2p_{3/2}$峰位于 347.34 和 350.89，化学结合能位移比萤石表面大，位移值为 0.3eV，再结合图 4-12，比较方解石与聚丙烯酸作用前后 O 的 1*s* 的 XPS 谱图可以看出，不仅聚丙烯酸作用后的方解石的 O 的 1*s* 峰发生 0.3eV 位移，还出现新的峰在 533.14，此峰可归因于聚丙烯酸与方解石表面生成的结合水。此结果进一步证明聚丙烯酸化学吸附于方解石表面，这也与之前的红外光谱结果一致。但对比 $CaCO_3$+PAA 与 $Ca(OH)_2$+PAA 的 Ca 的 2*p* 与 O 的 1*s* 谱图，发现结合能值位移差别较大。因此说明聚丙烯酸并不是单独通过化学吸附作用于方解石表面 $Ca(OH)^+$为吸附位点，吸附的具体过程存在物理吸附与化学吸附两种方式同时进行，也进一步解释了纯矿物的浮选结果和聚丙烯酸对油酸钠浮选方解石的抑制作用强。

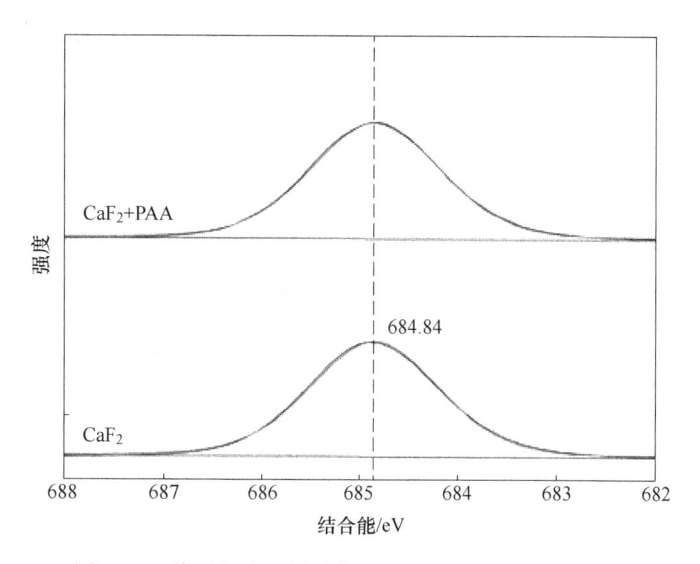

图 4-11 萤石与聚丙烯酸作用前后 F 的 1s 的 XPS 谱图

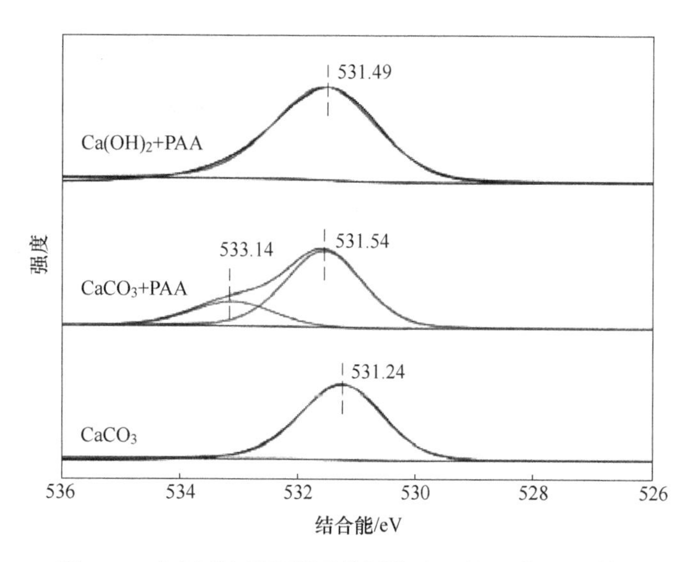

图 4-12 方解石与聚丙烯酸作用前后 O 的 1s 的 XPS 谱图

4.2 单宁酸与萤石及方解石的作用机理

4.2.1 单宁酸对萤石与方解石表面润湿性的影响

图 4-13 为中性条件下单宁酸浓度对萤石表面接触角的影响。从图中可知，

随着单宁酸用量的增加，萤石表面的接触角会出现小幅度下降的情况。说明少量的单宁酸能够吸附在萤石表面，导致萤石表面亲水性增加，但是由于萤石接触角减小的趋势很小，说明单宁酸的吸附对萤石表面亲水性影响也有限。

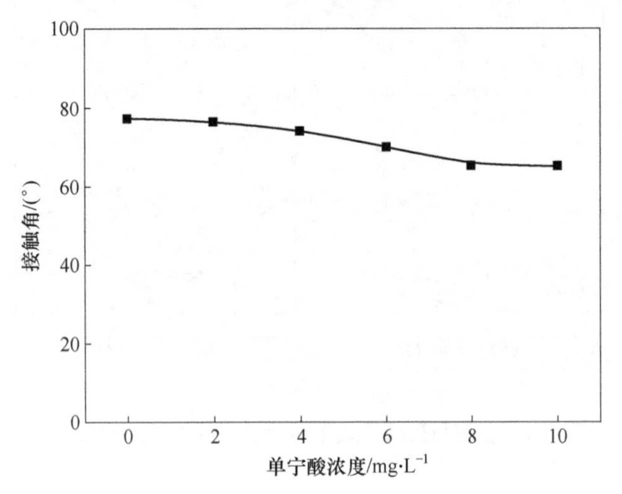

图 4-13　单宁酸浓度对萤石表面接触角的影响

图 4-14 为 10mg/L 单宁酸条件下，不同 pH 值对萤石表面接触角的影响。从图中可知，随着 pH 值的不断增大，萤石的表面的亲水性也在缓慢的增强。这说明高碱性的条件下萤石表面可能出现新的吸附位点，使单宁酸的吸附量出现增加，从而增强萤石的亲水性。

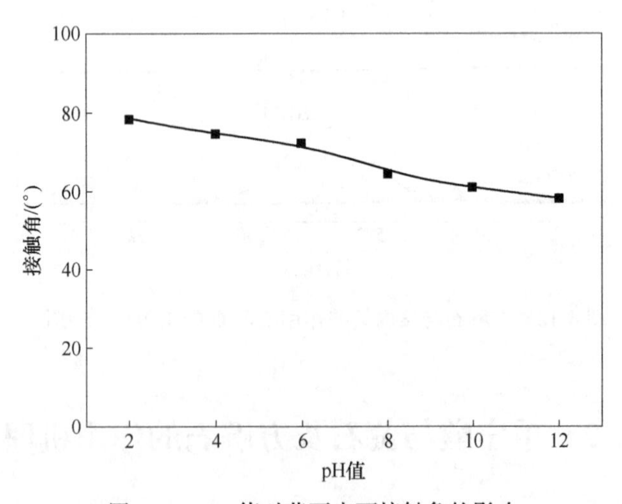

图 4-14　pH 值对萤石表面接触角的影响

图 4-15 为中性条件下（pH＝7）单宁酸浓度对方解石表面接触角的影响。从

图中可知，随着单宁酸用量的增加，方解石表面的接触角减小的趋势明显。当单宁酸用量从 0mg/L 增加到 8mg/L，方解石的接触角呈现持续不断的减小现象，在 10mg/L 的时候趋于稳定。说明单宁酸能够有效吸附在矿石表面，并导致方解石表面强烈亲水，但不同于聚丙烯酸的是在聚丙烯酸用量更少的情况下，就能够达到使方解石的接触角快速减小的效果，但是对萤石的吸附作用也更强。相比之下，单宁酸吸附方解石相对缓慢而稳定，且对萤石接触角的影响更小。这与纯矿物浮选的结果也保持一致。

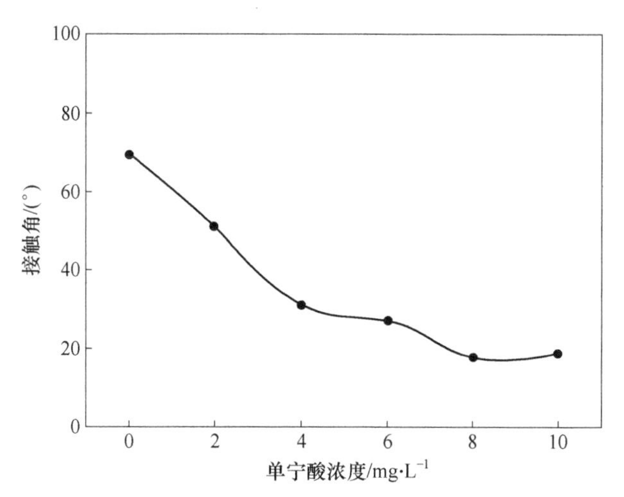

图 4-15 单宁酸浓度对方解石表面接触角的影响

图 4-16 为 10mg/L 单宁酸条件下，不同 pH 值对方解石表面接触角的影响。从图中可知，方解石表面被单宁酸吸附作用后，表面的亲水性已经极强，并不会

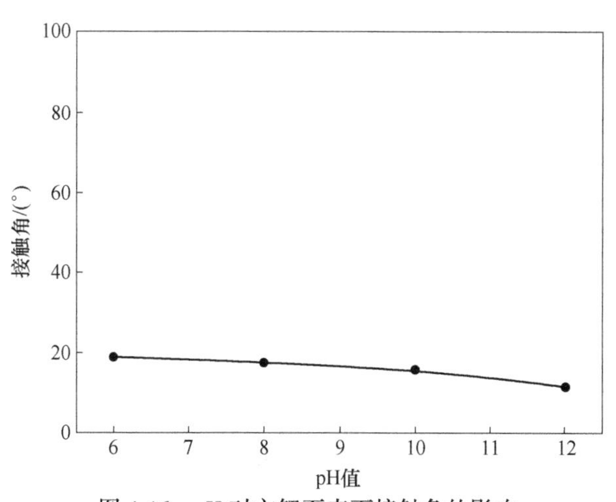

图 4-16 pH 对方解石表面接触角的影响

受到 pH 值变化的影响。这说明 10mg/L 的单宁酸可以充分地吸附于方解石表面，大大增强方解石的亲水性，表明单宁酸对方解石吸附能力与聚丙烯酸较为相似。

4.2.2　单宁酸在萤石与方解石表面吸附量研究

实验考察了药剂浓度对单宁酸和油酸钠在处理与未处理萤石和方解石表面吸附量的影响，结果分别如图 4-17 和图 4-18 所示。

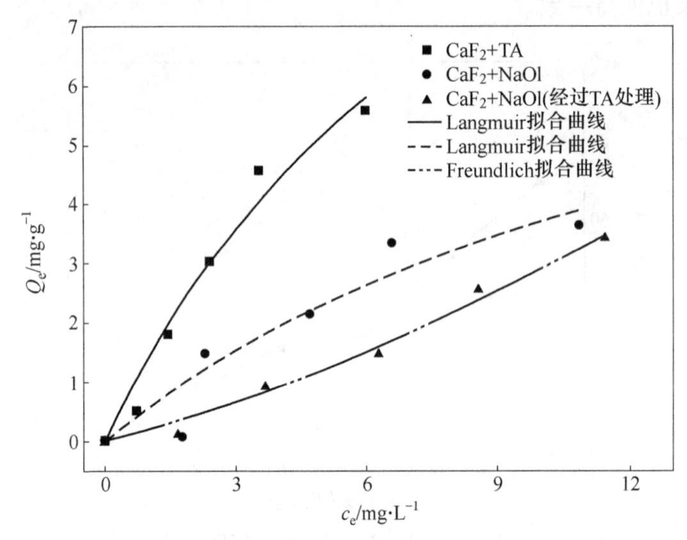

图 4-17　药剂浓度对单宁酸与油酸钠在处理与未处理的萤石表面吸附量的影响

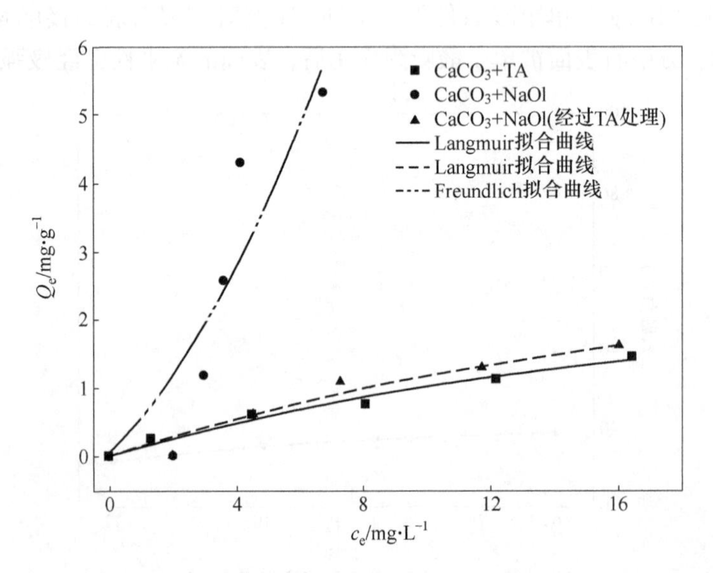

图 4-18　药剂浓度对单宁酸与油酸钠在处理与未处理的方解石吸附量的影响

图 4-17 表明，在温度 25℃下，单宁酸和油酸钠及单宁酸作用后的油酸钠在萤石表面上的吸附等温线。由于单宁酸在紫外区间有明显的特征识别峰，因此通过紫外光谱测量单宁酸作用后的萤石表面油酸钠的吸附量。由图可知，随着初始浓度的增加，单宁酸和油酸钠在萤石表面的吸附量都呈现递增的关系。通过用 Langmuir 方程和 Freundlich 方程同时拟合，比较后显示 Langmuir 方程拟合的 R^2 大于 98%，因此图上 Langmuir 方程拟合的结果更加与实际情况接近一致，说明单宁酸和油酸钠在萤石表面均匀的单层吸附，并且在同一原始药剂浓度下，对比两者发现，单宁酸在萤石表面的吸附量要大于油酸钠，说明单宁酸在萤石表面吸附作用也较强，这可能是由于含有大量多酚基团和羧基与矿物表面的 Ca^{2+}形成多齿配体。但是值得注意的是，当萤石表面与单宁酸作用后，油酸钠在此萤石表面吸附呈现减少的趋势，但是影响较小。分析结果后有两种假设[102]：（1）萤石表面有足够的吸附站点，单宁酸优先吸附在萤石表面并不能阻碍后续油酸钠的吸附；（2）萤石表面优先吸附的单宁酸结构不牢固，随着油酸钠的竞争吸附导致单宁酸解吸。

图 4-18 表明，在温度 25℃下，单宁酸和油酸钠及单宁酸作用后的油酸钠在方解石表面上的吸附等温线与萤石吸附试验呈现类似的情况，单宁酸和油酸钠的吸附量随着初始浓度的增加而递增。但与萤石试验不同点在于，油酸钠在方解石表面吸附量远远大于单宁酸。且同时用 Langmuir 方程和 Freundlich 方程拟合，单宁酸在方解石吸附结果与 Freundlich 方程拟合结果相近，说明油酸钠吸附于方解石表面不是均匀的单层吸附。相关文献报道，在方解石表面，油酸钠的强烈吸附归因于在方解石表面的化学吸附。然而，在单宁酸处理后，油酸钠吸附在方解石表面的吸附量远低于未处理的方解石表面。该结果与单矿物浮选试验相吻合。通过用 Langmuir 方程和 Freundlich 方程同时拟合，两者拟合后的曲线都与 Langmuir 方程拟合相近。这一现象表明，单宁酸均匀地吸附在方解石表面，且这部分的吸附位点较易被单宁酸分子占据，后续的油酸钠无法吸附在方解石表面。但是这步优先吸附过程的机理，或者吸附后稳定的结构如何阻碍油酸钠进一步吸附的过程，都需要更多的深入研究。

4.2.3 萤石和方解石与油酸钠和单宁酸作用前后表面动电位的变化

实验考察了油酸钠和单宁酸对萤石和方解石表面动电位的影响，结果如图 4-19 所示。

不同 pH 值条件下，浮选药剂对萤石矿物表面 zeta 电位的影响如图 4-19（a）所示。由图可知，萤石的等电点在 7.3 左右，介于文献报道[103]中测定值 6.5~10.5。当矿浆 pH 值小于 7.3 时，萤石表面荷正电，容易与阴离子药剂相作用；当矿浆 pH 值大于 7.3 时，萤石表面荷负电，阴离子药剂难以通过静电引力吸附。

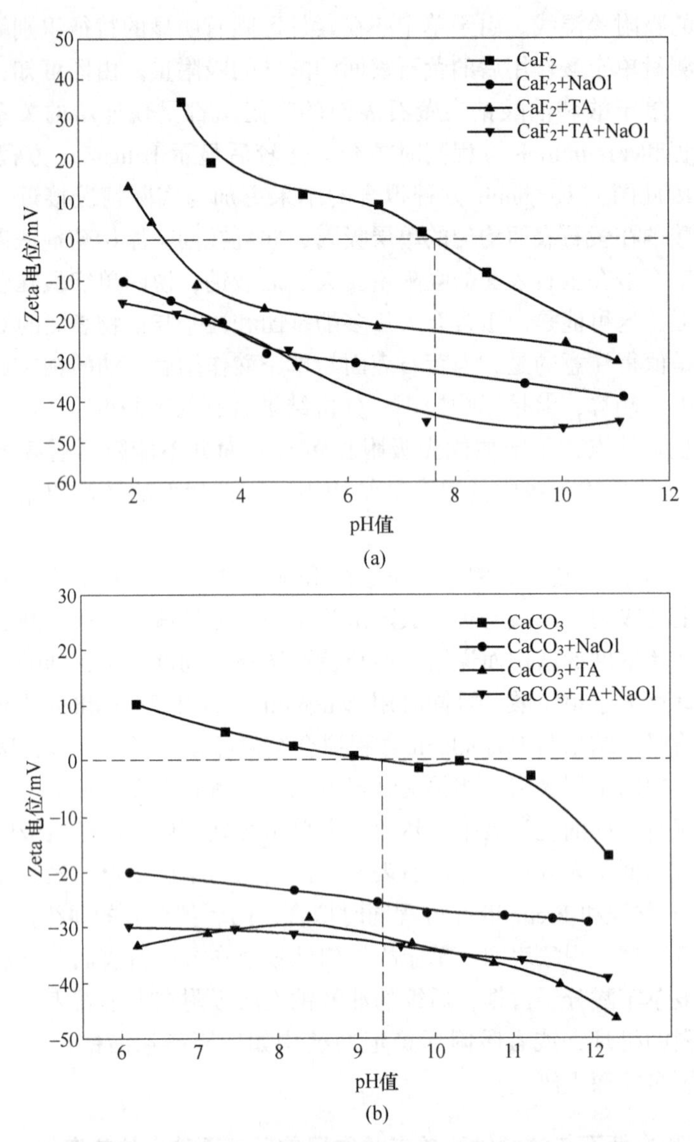

图 4-19　药剂作用前后萤石（a）和方解石（b）zeta 电位与 pH 值的关系

当溶液中加入 16mg/L 的油酸钠时，萤石表面动电位值明显下降，与文献报道[104]的研究结果吻合，油酸钠能够通过静电与化学作用吸附于萤石表面。另外，当溶液中加入 10mg/L 的单宁酸时，萤石表面动电位值相比空白条件下平均降低 30mV，下降幅度没有比单独加入油酸钠条件下的情况大，不同于聚丙烯酸在萤石表面的吸附。说明单宁酸在萤石表面的吸附作用比聚丙烯酸弱，也比油酸钠弱。另外，在此溶液中再加入油酸钠后，当矿浆 pH 值小于 6 左右时，萤石表面的动电位和单一加油酸钠条件下萤石表面动电位值变化较小。但值得注意的是，当矿浆 pH 值大于 6 左右时动电位开始明显下降。说明由于矿浆 pH 值的增大，萤石表面电负性发生改变，萤石表面出现利于单宁酸或者油酸钠吸附的位点，进一步增加了表面阴离子药剂的吸附量。

由图 4-19（b）可知，方解石的等电点在 9.2 左右，介于文献报道[105]中测定值 9~11.5。同样，加入 16mg/L 的油酸钠时，方解石表面动电位值也明显下降，与大量研究结果[106]吻合。而且当加入单宁酸时，方解石表面动电位值相比不加药剂时，平均降低 30mV，下降幅度也比油酸钠条件下的情况更为明显。但是，在此溶液中再加入油酸钠后，方解石表面的动电位并没有进一步的降低。此现象说明单宁酸有效吸附在方解石表面后，矿物表面形成亲水膜阻碍了油酸钠的吸附。另外，接触角试验已证明单宁酸吸附更强，导致方解石亲水。因此进一步推断出，方解石表面的吸附位点与萤石表面不同，更容易与单宁酸及油酸钠同时作用。

4.2.4 萤石和方解石与单宁酸作用前后表面红外光谱分析

为了进一步分析单宁酸及油酸钠在萤石和方解石表面吸附机理，采用红外光谱对单宁酸在萤石和方解石表面的吸附进行了分析，如图 4-20 所示。

由图 4-20 可知，未被处理过的纯矿物萤石和方解石的红外光谱中，在 2357cm^{-1}和 2360cm^{-1}附近的伸缩振动峰认为是样品被空气中或者溶液中二氧化碳污染，可忽略。

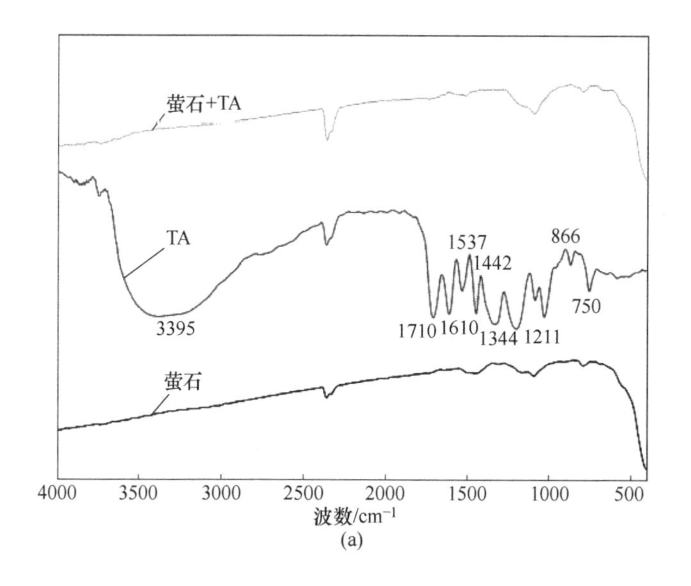

(a)

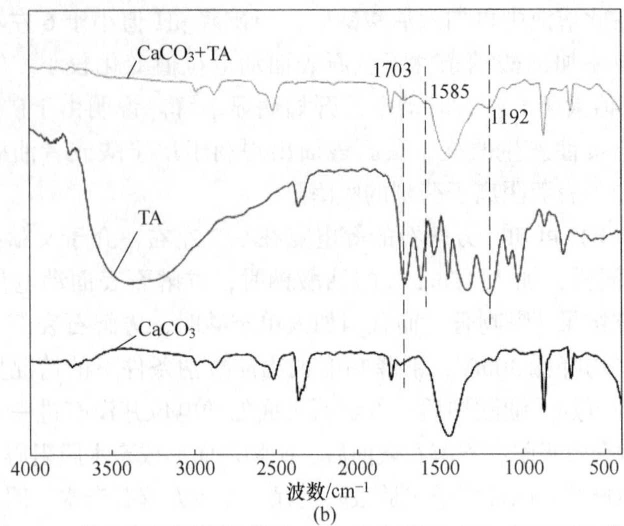

图 4-20　单宁酸作用前后萤石（a）和方解石（b）的 FT-IR 光谱

由图 4-20（a）可得，在单宁酸图谱[107, 108]中 3395cm^{-1}处出现了一个宽而强的吸收峰，该峰代表羟基—OH 的伸缩振动吸收峰，表明单宁酸结构中含有大量的强极性缔合酚羟基；2940cm^{-1}处为饱和 C—H 伸缩振动吸收峰，与结构中多元醇骨架中亚甲基相对应；1710cm^{-1}处强吸收峰为典型的酯键中羰基—C ═O 吸收峰；1610cm^{-1}、1537cm^{-1}、1442cm^{-1}为苯环的骨架振动[109]；1344cm^{-1}和 1211cm^{-1}吸收峰为结构中酯键的 C ═O—O 伸缩振动和酚羟基的 C—O 伸缩振动相互夹杂；866cm^{-1}和 750cm^{-1}为苯环上的 C—H 面外弯曲振动。

中性条件下，与单宁酸作用后，萤石表面的红外光谱基本没有变化。再结合动电位试验结果，进一步证明单宁酸吸附于萤石表面应该是通过 Ca^{2+}静电吸附力，并且吸附作用不强。作用后的萤石在红外光谱中没有任何新峰生成。而油酸钠在萤石以化学吸附为主，故表现的作用也比单宁酸更强，两者同时与萤石作用时，油酸钠竞争吸附更强，表现为单宁酸对油酸钠浮选萤石抑制作用不强，与纯矿物浮选结果相吻合。

由图 4-20（b）可得，中性条件下，与单宁酸作用后，方解石表面在 1703cm^{-1}、1585cm^{-1}及 1192cm^{-1}出现新的不对称振动峰，归因于 1703cm^{-1}处强吸收峰为典型的酯键中羰基—C ═O 吸收峰，相比空白条件下发生的偏移，偏移量为 7cm^{-1}。1192cm^{-1}处的酚羟基的 C—O 伸缩振动相互夹杂，相比空白条件下偏移量为 19cm^{-1}，说明酚羟基在吸附过程中是重要的组成部分，进一步说明单宁酸在方解石表面进行强烈的化学吸附，同理，油酸钠和单宁酸两者同时与方解石作用时，发生强的竞争吸附，表现为单宁酸对油酸钠浮选方解石的抑制作用强，与纯矿物浮选的结果相吻合。

4.2.5　萤石和方解石与油酸钠和单宁酸作用前后表面紫外光谱分析

将 0.5g 萤石纯矿物与 200mL 去离子水放入 250mL 锥形瓶，得到的紫外光谱图与可视图如图 4-21（a）所示。

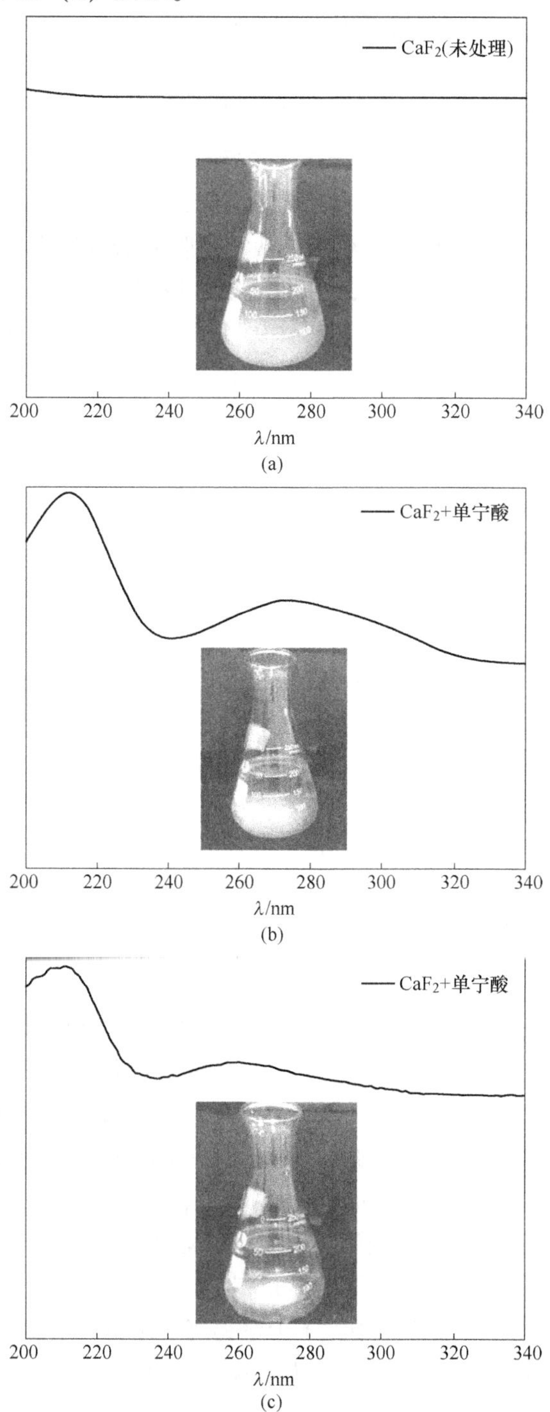

图 4-21 萤石单矿物溶液紫外光谱图与可视图

将0.5g萤石纯矿物与200mL去离子水放入250mL锥形瓶中，并加入10mg/L单宁酸，10min后的光谱图和可视图如图4-21（b）所示。1h后的光谱图和可视图如图4-21（c）所示。

图4-21（a）~图4-21（c）的紫外光谱图与可视图提供了关于萤石与单宁酸之间相互作用的重要信息，三个图显示了单宁酸与溶液中萤石作用时间长短的紫外吸收光谱。吸收带的特征峰值在215mm与260~300nm之间[110-112]。以单宁酸作用10min与作用1h的萤石图片对比可知，吸收光谱有轻微的蓝移，且特征峰值缩小，对紫外光的吸收强度降低，吸收幅度区域变陡，变窄。这些结果表明单宁酸中的羧基与羟基的氧原子会与溶液中钙离子相作用，会对萤石表面产生一定的影响，这与浮选试验中单宁酸会对油酸钠在萤石表面吸附产生不太有利的结论是一致的。

将0.5g方解石纯矿物与200mL去离子水放入250mL锥形瓶，得到的紫外光谱图与可视图如图4-22（a）所示。

将0.5g方解石纯矿物与200mL去离子水放入250mL锥形瓶，加入10mg/L单宁酸，10min后的光谱图和可视图如图4-22（b）所示，1h后的光谱图和可视图如图4-22（c）所示。

同理，图4-22（a）~图4-22（c）里的紫外光谱图与可视图提供了关于方解石与单宁酸之间相互作用的重要信息。先以单宁酸作用10min的萤石与方解石的紫外光谱对比分析发现，紫外光谱已经发现了明显的变化，其中特征峰发生了显著的红移现象。10min作用的时间不长，由图上可知光谱的吸收频段分别为210mm、240mm、320nm范围左右。在320nm处的特征峰是典型的五环的共轭结构[113]，说明单宁酸与方解石表面或溶液中的组分发生化学反应，这种五元环的反应是一种常见的螯合效应。大量研究也证明了多羟基酚类吸收相与金属离子易发生螯合作用[114]。但是方解石溶液体系与单宁酸作用远远比萤石体系更容易发生，这表明并不仅仅是钙离子存在，并发生螯合作用。与此同时，随着方解石溶液与单宁酸作用时间增长，溶液外观变绿现象非常明显，推断在方解石溶液中，单宁酸的多酚羟基容易被氧化而导致变色。另外，随着单宁酸作用时间的增加，在1h接触时间后，特征吸收带的强度减小，特征峰蓝移。溶液颜色完全变绿。在吸收区域观察到250nm和280nm处的新峰值，紫外吸收峰缩小。这些现象都证实了共轭基团对苯环和羰基基团的存在，以及酚羟基的反应。在这项工作中，只发现了五环共轭系统。五元螯合环是最稳定的，其次是六元和七元螯合环[115-117]。因此，假设溶液体系中除了少量钙离子作用，主要与单宁酸中酚羟基形成五元螯合环结构的是$Ca(OH)^+$。为了验证假设的可能性，通过表面XPS检测手段进一步论证。

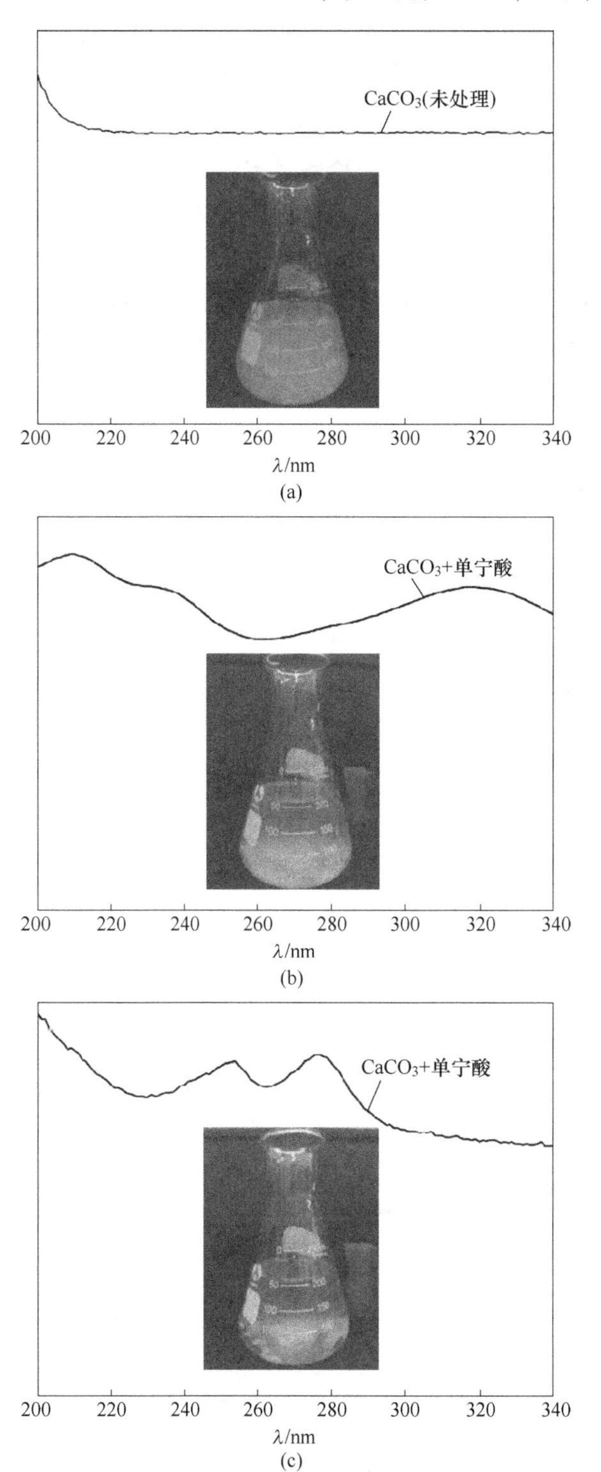

图 4-22 方解石单矿物溶液紫外光谱图与可视图

4.2.6 萤石和方解表面与单宁酸作用前后表面 XPS 分析

从图 4-23（a）分析可知，纯矿物萤石 C 的 1*s* 谱图中只有一个峰值，其结合能 284.84eV 处是参比碳的峰。因为检测过程中溶液或大气在矿物表面都会产生碳质污染，单宁酸吸附后 C1s 谱图可以被拟合成三组峰，284.84eV 的主要峰值被分配给参比碳峰，其余两个组件峰分别为 286.54eV 和 288.94eV，可以分配对应单宁酸分子中的—C—O 和—C ═O（— C_6H_4—CO—O—）[118, 119]。C 的 1*s* 结合能并没有发生明显的位移，说明单宁酸与萤石作用中，碳的结构并没有发生变

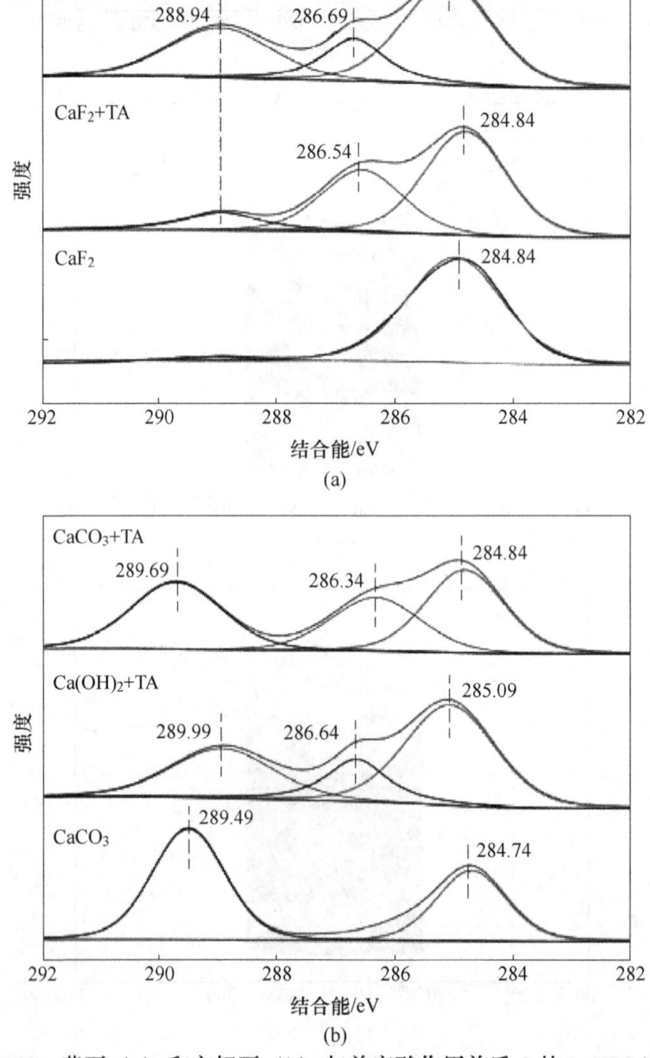

图 4-23 萤石（a）和方解石（b）与单宁酸作用前后 C 的 1*s* XPS 光谱

化。由萤石和单宁酸的 C 的 1*s* 图与 $Ca(OH)_2$ 和单宁酸图对比可知，在三个组件峰值中，结合能相同的是 288.94eV 峰，这说明单宁酸在萤石表面吸附是单宁酸分子中羧基作用为主，$Ca(OH)_2$ 与单宁酸中的酸碱中和反应也是羧基反应，并且两者反应后羧基氧的结构相似。

从图 4-23（b）分析可知，原始方解石 C 的 1*s* 谱图中有两个峰值，其结合能 284.74eV 处是参比碳的峰。另外一个结合能为 289.49eV 的峰归因于 C ═O（CO_3^{2-}）。单宁酸吸附后 C 的 1*s* 谱图也可以被拟合成三组峰，首先 284.84eV 的主要峰值被分配给参比碳峰，由于考虑到污染等误差，不考虑其化学位移作为参考结果，其余两个组件峰分别为 286.34eV 和 289.69eV。新的拟合峰 286.34eV 出现可归因于单宁酸分子中的—C—O，但是方解石表面原先结合能 289.49eV 的峰升高到 289.69eV，升高了 0.2eV。虽然—C ═O 的结构发生较少变化，但是明显的化学位移表明单宁酸与方解石发生了反应。由方解石和单宁酸的 C 的 1*s* 图与 $Ca(OH)_2$ 和单宁酸图对比可知，在三个组件峰值中，结合能差距不大，这说明单宁酸在方解石表面吸附发生的化学反应与 $Ca(OH)_2$ 和单宁酸的变化过程类似。再次推断方解石表面存在羟基 Ca 的位点发生作用。另外三个组件峰的结合能同比萤石和单宁酸图与$Ca(OH)_2$ 和单宁酸图都更低，说明反应的结构更稳定。

结合图 4-10 试验结果，重点考察钙元素组分的差异，特别是在矿物与药剂表面分布的产物。图 4-24（a）为单宁酸处理前后 $Ca(OH)_2$ 和单宁酸配合物与萤石中 Ca 的 2*p* 光谱。未处理的萤石的 Ca 的 2*p* 光谱由两个自旋轨道的分裂峰拟合，其结合能量为 Ca $2p_{3/2}$的 347.99eV 和 Ca $2p_{1/2}$ 水平的 351.49eV。当单宁酸处理的萤石的钙峰值转移到更高的结合能 348.39eV 和 351.94eV，表明钙离子周围的电子密度发生了变化，单宁酸分子与萤石表面钙质点结合。萤石和单宁酸的 Ca 的 2*p* 图与 $Ca(OH)_2$ 和单宁酸图对比可知，这两者组件峰值的结合能差距非常大，虽然 C 的 1*s* 图中阴离子羧基的结构类似，但是阳离子结构完全不同，说明萤石表面暴露的吸附位点 Ca 质点并不与羟基 Ca 类似，应是单独的 Ca^{2+}与单宁酸的羧基的静电作用。再结合图 4-25 的结果，萤石与单宁酸作用前后 F 的 1*s* 谱的结果也没有变化，可以进一步证明，单宁酸在萤石表面的吸附为物理吸附，与红外光谱的推断基本一致，也基本解释了纯矿物浮选的结果，单宁酸对油酸钠浮选萤石抑制作用不强的原因。

图 4-24（b）为单宁酸处理前后 $Ca(OH)_2$ 和单宁酸配合物与方解石的 Ca 的 2*p* 光谱。未处理的方解石的 Ca 的 2*p* 光谱由两个自旋轨道的分裂峰拟合，其结合能量 Ca 的 $2p_{3/2}$为 347.04eV，Ca 的 $2p_{1/2}$水平结合能为 350.64eV。在单宁酸处理后，方解石表面结合能 Ca 的 $2p_{3/2}$ 峰升高至 347.49eV，Ca 的 $2p_{1/2}$ 峰升高至 351.09eV，分别升高了 0.45eV。这些结合能发生的变化可以通过钙离子和单宁酸分子之间的电子传递来解释，从而为吸附过程中单宁酸和方解石之间的化学反

应提供了进一步的证据。与此同时，由方解石和单宁酸的 Ca 的 2*p* 图与$Ca(OH)_2$和单宁酸的图对比可知，这两者组件峰值结合能极为相似。此结果表明方解石表面的吸附位点与 $Ca(OH)_2$ 相同，验证了方解石水化后表面吸附位点是以羟基 Ca 为主。另外，$Ca(OH)_2$ 和单宁酸的双拟合峰结合能略高 0.2eV，说明有相似的阳离子吸附位点，但是两者与单宁酸中阴离子的作用方式不同，方解石表面发生的化学反应更为复杂，且形成的结构更稳定，这与紫外光谱的结果相一致，进一步证明单宁酸吸附于方解石表面是复杂的化学吸附。

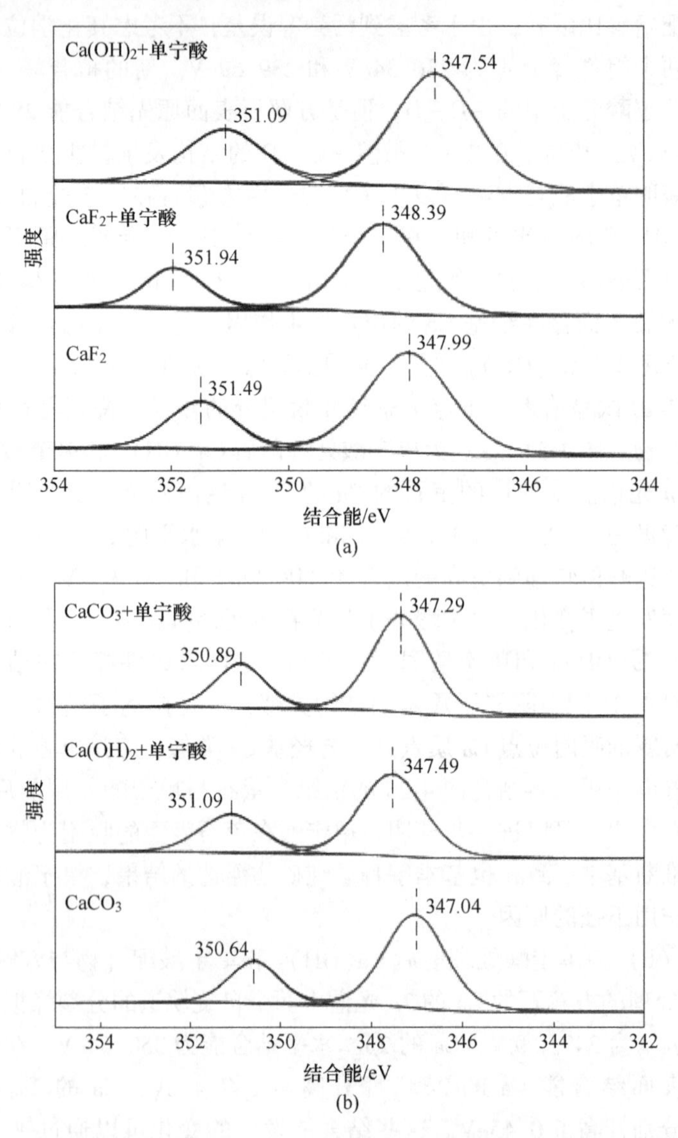

图 4-24　萤石（a）和方解石（b）与单宁酸作用前后 Ca 的 2*p* XPS 光谱

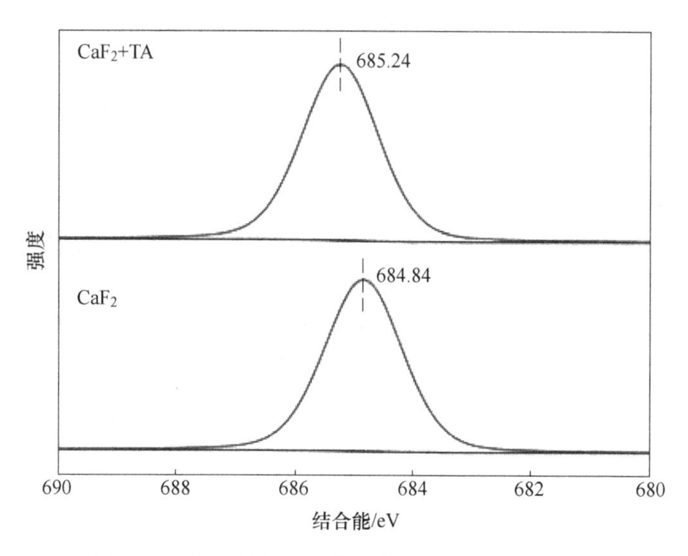

图 4-25 萤石被单宁酸作用前后 F 的 1*s* XPS 光谱

如图 4-26 所示，在 531.24eV 的未处理方解石中 O 的 1*s* 光谱中拟合出一个峰，这个结果与文献中所报道的类似[120]。用单宁酸处理后的方解石中 O 的 1*s* 光谱显示出具有更高结合能 533.14eV 的新峰值，这表明电子已经从—C═O 转移到单宁酸的—C—OH 或 OH—C═O，甚至可能是反应后水的—OH[121]。此外，$Ca(OH)_2$ 和单宁酸的 O1*s* 谱以 531.74eV 和 533.54eV 为中心，这可能对应于 C—OH 组中的 O（主要归因于单宁酸的酚羟基）和—C═O 羧基组。与$Ca(OH)_2$ 相

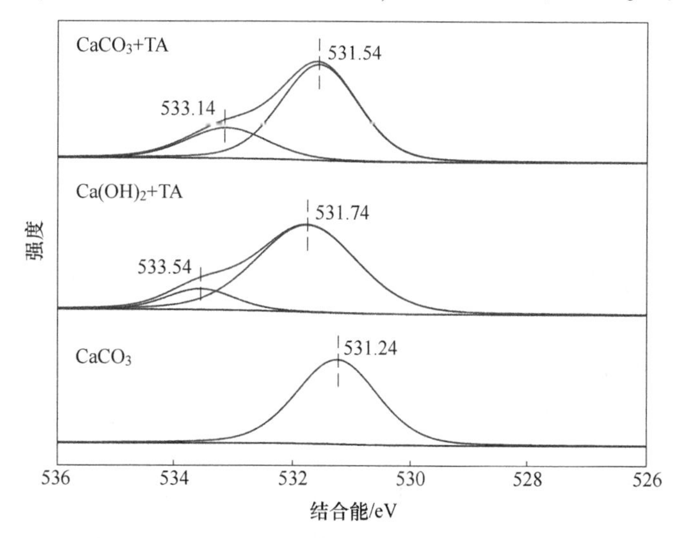

图 4-26 方解石被单宁酸作用前后 O 的 1*s* 的 XPS 谱图

比，方解石中 Ca 的 $2p$ 和 O 的 $1s$ 光谱中观察到的结合能也非常相似。因此，可以得出结论：方解石表面与单宁酸的主要相互作用是表面水化 $Ca(OH)^+$ 的化学吸附为主。这与之前的红外光谱结果相吻合，进一步解释了纯矿物浮选的结果，单宁酸对油酸钠浮选方解石的抑制作用强。

4.3　抑制剂与萤石及方解石表面反应的溶液化学

各类浮选药剂，无论是有机的捕收剂、起泡剂，抑制剂、絮凝剂，还是以无机物为主的各种调整剂，均在矿浆中及矿物/溶液界面发生作用。它们在溶液中存在的状态和基本的化学行为对浮选过程有重要影响。浮选溶液化学[122]就是根据溶液化学的基本原理，研究矿物—溶液平衡、浮选剂—溶液平衡、浮选剂—矿物相互作用平衡对浮选过程的影响规律，以确定浮选剂对矿物起浮选活性的有效组分及浮选剂与矿物相互作用的最佳条件。因此，浮选溶液化学的计算在矿物的浮选研究中起着重要的作用。

4.3.1　萤石的溶解反应

萤石在饱和水溶液中存在的平衡反应关系[122]为：

$$CaF_2 \rightleftharpoons Ca^{2+} + 2F^- \qquad K_{sp} = 10^{-10.41}$$

$$F^- + H^+ \rightleftharpoons HF \qquad K_1 = 10^{8.17}$$

$$Ca^{2+} + OH^- \rightleftharpoons CaOH^+ \qquad \beta_1 = 10^{1.4}$$

$$Ca^{2+} + OH^- \rightleftharpoons Ca(OH)_2(aq) \qquad \beta_2 = 10^{2.77}$$

$$\alpha_{Ca^{2+}} = 1 + 10^{1.4}[OH^-]^2$$

$$K'_{sp} = K_{sp} \cdot \alpha_{Ca^{2+}} \cdot \alpha_{F^-}{}^2 = 4S^3$$

$$[F^-] = 2S/\alpha_{F^-}$$

$$[Ca^{2+}] = S/\alpha_{Ca^{2+}}$$

根据这些平衡关系式及反应常数，可以计算出萤石溶解组分浓度与 pH 值的关系。

由图 4-27 可以看出，在低 pH 值条件下，萤石矿表面溶解的钙主要以单一的 Ca^{2+} 形式存在；随着 pH 的值不断升高，Ca^{2+} 的含量稍有下降，但是 $CaOH^+$ 的含量不断增加。根据试验测定萤石 PZC 及文献中的报道，一般在 6.5~10。说明在高 pH 值范围，溶液中 Ca^{2+} 是以 $CaOH^+$ 和 $Ca(OH)_2(aq)$ 存在，因此萤石表面组分主要是阳离子，原因在于表面 Ca^{2+} 的水化导致表面呈正电荷，所以阴离子捕收剂易吸附。

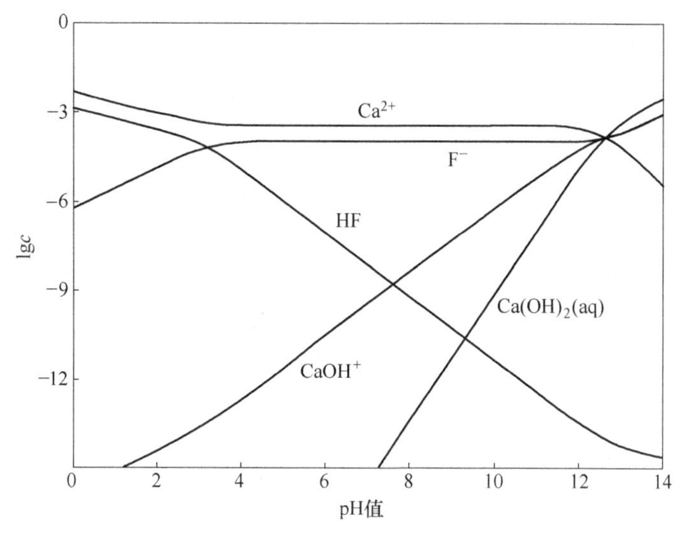

图 4-27 萤石矿溶解组分分布

4.3.2 方解石的溶解反应

方解石在饱和水溶液中存在的平衡反应关系[122]为：

$$CaCO_3(s) \rightleftharpoons CaCO_3(aq) \qquad K_{sp} = 10^{-5.09}$$

$$CaCO_3(aq) \rightleftharpoons Ca^{2+} + CO_3^{2-} \qquad K_2 = 10^{-8.48}$$

$$CO_3^{2-} + H_2O \rightleftharpoons HCO_3^- + OH^- \qquad K_3 = 10^{-3.67}$$

$$HCO_3^- + H_2O \rightleftharpoons H_2CO_3 + OH^- \qquad K_4 = 10^{-7.65}$$

$$H_2CO_3 \rightleftharpoons CO_2 + H_2O \qquad K_5 = 10^{1.47}$$

$$Ca^{2+} + HCO_3^{2-} \longrightarrow CaHCO_3^+ \qquad K_6 = 10^{0.82}$$

$$CaHCO_3^+ \rightleftharpoons H^+ + CaCO_3(aq) \qquad K_7 = 10^{-7.90}$$

$$Ca^{2+} + OH^- \rightleftharpoons CaOH^+ \qquad K_8 = 10^{1.40}$$

$$CaOH^+ + OH^- \rightleftharpoons Ca(OH)_2(aq) \qquad K_9 = 10^{1.37}$$

$$Ca(OH)_2(aq) \rightleftharpoons Ca(OH)_2(s) \qquad K_{10} = 10^{2.45}$$

在大气中，常温常压下，取 $p_{CO_2} = 10^{-3.5}$，则 $c_{H_2CO_3} = p_{CO_2}/K_5 = 10^{-4.97}$，得其余各组分的浓度与 pH 值的关系为：

$$\lg c_{HCO_3^-} = -11.32 + pH$$

$$\lg c_{CO_3^{2-}} = -21.35 + 2pH$$

$$\lg c_{CaCO_3}(aq) = -5.09$$

$$\lg c_{Ca^{2+}} = 13.3 - 2pH$$

$$\lg c_{CaOH^+} = 0.7 - pH$$

$$\lg c_{Ca(OH)_2}(aq) = -11.93$$

$$\lg c_{CaHCO_3^+} = 2.80 - pH$$

根据这些平衡关系式及反应常数，计算出的方解石各溶解组分浓度与 pH 值的关系。根据图 4-28 可知，方解石在水中溶解生成 Ca^{2+}、$CaOH^+$、$CaHCO_3^+$、CO_3^{2-} 及 HCO_3^-。在低 pH 值条件下，Ca^{2+}、$CaOH^+$、$CaHCO_3^+$ 等阳离子组分含量较高，此时方解石表面荷正电。当 pH 值在 8.5 时，溶液中 $c_{Ca^{2+}}+c_{CaOH^+}+c_{CaHCO_3^+}=c_{CO_3^{2-}}+c_{HCO_3^-}$，说明方解石 PZC 为 8.5，意味着随着 pH 高于 8.5 后，方解石表面的定位离子以 CO_3^{2-} 和 HCO_3^- 为主。此时方解石表面荷负电，不易于阴离子捕收剂作用。

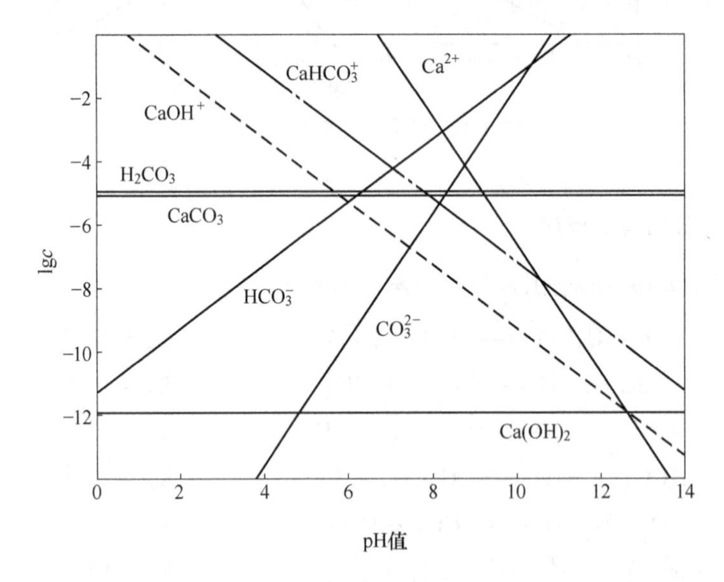

图 4-28 方解石溶解组分分布图

4.3.3 单宁酸与萤石及方解石作用溶液化学分析

单宁酸在水溶液中会发生电离[123]，主要组分为 H_3L、H_2L^-、HL^{2-}、L^{3-}不同的型体，不同型体与金属离子的配位能力不同，从结构本身来预测，金属离子不与分子型体配位，会与负一价单宁酸离子发生配位反应，但与负二价单宁酸离子及负三价单宁酸离子形成螯合物，这样的结构属于稳定结构，因此了解单宁酸在溶液中的存在形式对解释配合物的形成有重要意义[124]。但这些存在型体与溶液的 pH 值有密切的关系，可由下列公式得出单宁酸在不同 pH 值溶液中各型体的分布分数。

$$\delta_0=\frac{c_{H_3L}}{c}=\frac{c_H^3}{c_H^3+Ka_1c_H^2+Ka_1Ka_2c_H+Ka_1Ka_2Ka_3}$$

$$\delta_1=\frac{c_{H_2L^-}}{c}=\frac{Ka_1c_H^2}{c_H^3+Ka_1c_H^2+Ka_1Ka_2c_H+Ka_1Ka_2Ka_3}$$

$$\delta_2=\frac{c_{HL^{2-}}}{c}=\frac{Ka_1Ka_2c_H}{c_H^3+Ka_1c_H^2+Ka_1Ka_2c_H+Ka_1Ka_2Ka_3}$$

$$\delta_3=\frac{c_{L^{3-}}}{c}=\frac{Ka_1Ka_2Ka_3}{c_H^3+Ka_1c_H^2+Ka_1Ka_2c_H+Ka_1Ka_2Ka_3}$$

按上述公式计算不同 pH 值时，单宁酸各型体的分布系数图如图 4-29 所示。

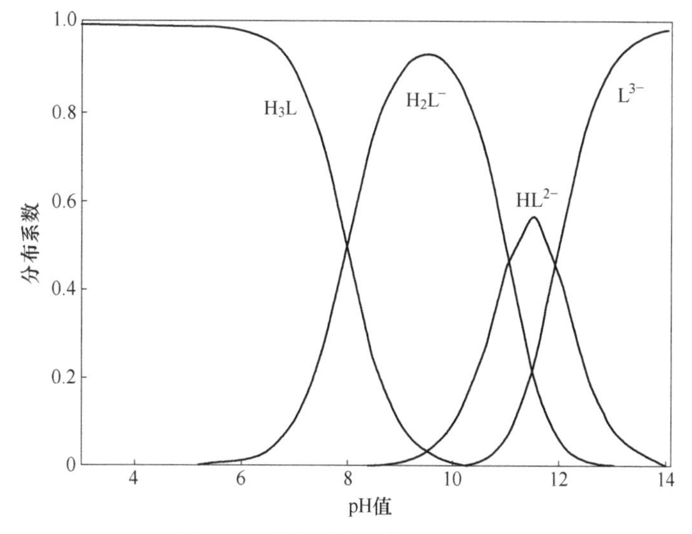

图 4-29　单宁酸各型体的分布系数

单宁酸作为一种三元的弱酸，从图 4-29 可知，在水溶液中的水解的组分有 4 种：H_3L、H_2L^-、HL^{2-}及 L^{3-}。当 pH 值低于 5.5 时，单宁酸在水中的溶解组分基本上完全是以分子 H_3L 形式存在，随着 pH 值的不断增加，单宁酸在溶液中发生一级电离，H_2L^-的组分不断增多，一直到 pH 值为 9.5 左右达到最大的溶解分布，约为 90%。另外，当 pH 值达到 8 左右时，单宁酸溶解组分中 H_3L 和 H_2L^-这两者在溶液中各占一半。当 pH 值大于 8.5 时，单宁酸才发生二级电离，这时溶液中开始出现 HL^{2-}。随着 pH 值的逐渐增大，溶液组分开始发生复杂的变化，当 pH 值大于 10.5 时，分子形式的 H_3L 组分完全分解，而三级电离的产物 L^{3-}随之生成。通过浮选分离的条件对比后，发现单宁酸抑制作用较好的 pH 值范围在 6~8，此溶液体系中，主要离子形式以 H_2L^-存在。因此后续的溶液化学计算，都以此配体做计算分析的依据。

通过溶液化学分析萤石与方解石同单宁酸反应的标准自由能变化ΔG_m^0及自由能变化ΔG作为判据，计算 pH 值和它的关系并绘图，可以说明单宁酸抑制机理，并确定浮选的最佳 pH 值条件，同时能够解释单宁酸抑制方解石，并不抑制萤石的原因。

为了方便计算，标准吉布斯自由能变化ΔG_m^0用作标准反应方解石与萤石和抑制剂单宁酸的计算。下面的公式给出溶液组分溶解平衡关系，用于计算ΔG_m^0的自发反应[125]。进一步了解具体考评的抑制机制。

水中单宁酸理想的质子化反应[126]如下：

$$H^+ + L^{3-} = HL^{2-} \qquad K_1^H = 10^{11.91} \tag{4-1}$$

$$H^+ + HL^{2-} = H_2L^- \qquad K_2^H = 10^{11.03} \tag{4-2}$$

$$H^+ + H_2L^- = H_3L \qquad K_3^H = 10^{8.00} \tag{4-3}$$

萤石和方解石的溶解反应如下[127]：

$$CaF_2(s) = Ca^{2+} + 2F^- \qquad K_{sp1} = 10^{-10.41} \tag{4-4}$$

$$CaCO_3(s) = Ca^{2+} + CO_3^{2-} \qquad K_{sp2} = 10^{-8.48} \tag{4-5}$$

Ca^{2+}的水解反应如下：

$$Ca^{2+} + OH^- = Ca(OH)^+ \qquad K_{Ca1} = 10^{1.4} \tag{4-6}$$

$$Ca^{2+} + 2OH^- = Ca(OH)_2 \qquad K_{Ca2} = 10^{2.77} \tag{4-7}$$

F^-和CO_3^{2-}在水中的反应如下：

$$H^+ + F^- = HF \qquad K_F^H = 10^{3.4} \tag{4-8}$$

$$H^+ + CO_3{}^{2-} = HCO_3^- \qquad K_{C1}^H = 10^{10.33} \tag{4-9}$$

$$H^+ + HCO_3{}^- = H_2CO_3 \qquad K_{C2}^H = 10^{6.35} \tag{4-10}$$

单宁酸与萤石与方解石的反应如下：

$$CaF_2(s) + H_2L^- = CaH_2L(s) + 2F^- \qquad K'_{sp1} = 10^{-2.88} \tag{4-11}$$

$$CaCO_3(s) + H_2L^- = CaH_2L(s) + CO_3^{2-} \qquad K'_{sp2} = 10^{-2.78} \tag{4-12}$$

通过计算公式（4-13），式（4-14）所示。ΔG_m^0可以分为：萤石的ΔG_1和方解石的ΔG_2：

$$\Delta G_1 = -RT\ln K'_{sp1} + RT\ln\left(\frac{c_{F^-}^2}{c_{H_2L^-}}\right) \tag{4-13}$$

$$\Delta G_2 = -RT\ln K'_{sp2} + RT\ln\left(\frac{c_{CO_3^{2-}}}{c_{H_2L^-}}\right) \tag{4-14}$$

后续的相关反应如下：

$$\alpha_{Ca^{2+}} = 1 + K_{Ca1}c_{OH^-} + K_{Ca2}c_{OH^-}^2 \tag{4-15}$$

$$\alpha_{CO_3^{2-}} = 1 + K_{C1}^H c_{H^+} + K_{C2}^H c_{H^+}^2 \tag{4-16}$$

$$\alpha_{F^-} = 1 + K_F^H c_{H^+} \tag{4-17}$$

$$\alpha_L = 1 + K_1^H c_{H^+} + K_1^H K_2^H c_{H^+}^2 \tag{4-18}$$

$$[CO_3^{2-}] = \sqrt{K_{sp1}\alpha_{Ca^{2+}}/\alpha_{CO_3^{2-}}} \tag{4-19}$$

$$[F^-] = 2\sqrt[3]{K_{sp2}\alpha_{Ca^{2+}}\alpha_{F^-}^2/4} \tag{4-20}$$

$$[H_2L^-] = C_T/\alpha_L \tag{4-21}$$

然后可合并为：

$$\Delta G_1 = -RT\ln K'_{sp1} + \frac{2}{3}RT\ln K_{sp1} + \frac{2}{3}RT\ln\alpha_{Ca^{2+}} + RT\ln\alpha_L - \frac{4}{3}RT\ln\alpha_{F^-} - RT\ln C_T - \frac{2}{3}RT\ln 4 + 2\ln 2 \tag{4-22}$$

$$\Delta G_2 = -RT\ln K'_{sp2} + \frac{1}{2}RT\ln K_{sp2} + \frac{1}{2}RT\ln\alpha_{Ca^{2+}} + RT\ln\alpha_L - \frac{1}{2}RT\ln\alpha_{CO_3^{2-}} - RT\ln C_T \tag{4-23}$$

式中，α 为反应系数；R 为理想气体常数，R=8.31 J/(mol·K)；T 为标准温度，T=298.15K；c_T 为单宁酸的总浓度，$c_T=6\times10^{-6}$mol/L。

由式（4-22）和式（4-23）求得萤石与方解石同单宁酸反应的标准自由能变化如图 4-30 所示，可以看出，在 pH 值为 1~12 的条件下，萤石与单宁酸作用的 ΔG_1 一直是正值，这说明单宁酸与萤石要发生反应首先要突破能量壁垒，需要外在能量输入才能发生作用。而方解石与单宁酸则完全相反，方解石与单宁酸作用的 ΔG_2 一直为负，说明单宁酸与方解石反应能够自发进行，且随着 pH 值的提高，两者的反应会越来越容易发生。进一步从理论层面证明了动电位测试、红外光谱和 XPS 的结果，解释了单宁酸抑制方解石，并不抑制萤石的原因。

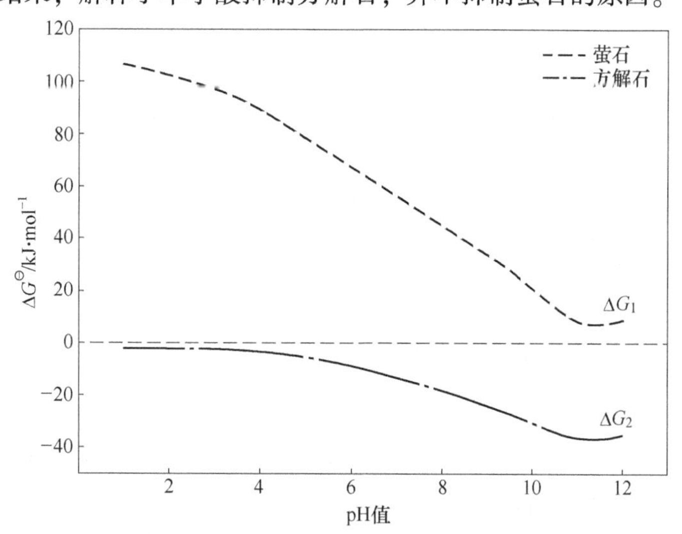

图 4-30 单宁酸与萤石或方解石反应的 $\Delta G^{\ominus}$ 与 pH 值的关系

4.4 单宁酸在矿物表面的吸附能计算

对药剂分子性能的分析使用高斯公司的量子化学软件包 G09 RevD. 01，该软件包针对有机分子计算提供了更多可选的方法和基组，可以获得更多精确的分子结构信息。基于杂化密度泛函方法在 B3LYP/6-311++g 理论水平，本节采用高斯软件包对选用抑制剂单宁酸活性基团的重要单体没食子酸的结构性质进行了优化分析。

药剂与晶体表面体系吸附的计算采用 MATERIALS STUDIO 软件包中的 Dmol3 量子化学计算软件包，Dmol3 计算速度快，对于分子团簇，周期性晶体表面结构的处理都很出色，能够给出很好的定性结果。本书使用内置于 Materials Studio 6. 0 的可视化模块进行模型建立并利用内置的 Dmol3 量子化学计算模块进行晶胞优化，采用表面弛豫计算和药剂吸附模拟计算。采用广义梯度近似 GGA 理论，选择 Perdew 等人提出的密度泛函交换关联能计算方法进行梯度矫正，PBE 泛函方法进行计算。同时，考虑水溶液的影响，通过溶剂似导体屏蔽模型（COSMO，conductor-like screening model）模拟水溶液环境下药剂与表面的作用过程，水的介电常数为 78. 54；考虑到计算成本与计算精度，需要定性表述表面吸附过程，计算初始条件有：能量收敛阈值设置为 1.00×10^{-4} Ha（1Ha = 27. 212eV）；最大的力收敛阈值设置为 2.00×10^{-2}Ha/Å(1Å = 0. 1nm)，位移收敛阈为 5.00×10^{-2}Å，最大几何构型容忍偏移值设置为 0. 3000Å，研究中涉及的量子化学计算均在中南大学高性能运算中心进行计算。

优化后的解理表面作为被吸附基底，将吸附药剂分子放入体系后进行优化，从而可以得到最低能量构型。本节通过比较吸附能量差异，认为在药剂相同的情况下吸附前后体系能量变化越大，反应后体系越稳定，依据药剂与表面反应产物的稳定性，对药剂的浮选性能进行分析，计算中采用的吸附能计算公式见式(4-24)：

$$E\_ads = E\_system-(E\_slab + E\_agents) \tag{4-24}$$

式中，E_ads 为吸附能；E_system 为吸附后体系构型能量；E_agents 为吸附前药剂能量。

4.4.1 萤石与方解石晶体优化研究

萤石属立方晶系，Ran Jia 等人[128]的第一性原理研究表明萤石表面也存在各向异性，但是萤石的晶体学平面（1 1 0）很容易转化为（1 0 0）面，而最低能量的晶面是（1 1 1）面，因此表面的最稳定构型的平面是（1 1 1）面，这与实验结果是相符的。高志勇等人[129]使用断裂键密度的方法，以单位晶体表面断裂键多少的形式来表达表面解离的难易程度，具体如下：

$$\boldsymbol{D}_{\mathrm{b}} = \boldsymbol{N}_{\mathrm{b}}/\boldsymbol{S}$$

式中，$\boldsymbol{D}_{\mathrm{b}}$ 为表面断裂键密度；$\boldsymbol{N}_{\mathrm{b}}$ 为单位表面积表面断裂键数量；$\boldsymbol{S}$ 为单位表面积。

对萤石表面结构进行分析并做了系统的晶体学研究，其结果表明萤石的常见暴露面是（1 1 1）晶面。萤石的（1 1 1）晶面具有最小断裂键密度，所以该面最容易发生断裂是方解石的常见晶体学暴露面。在浮选中，破磨矿物时输入能量较大，萤石除暴露常见暴露面外，还会暴露出额外的表面，因此本节选取（1 1 1）面及（1 0 0）面进行研究。

方解石是斜方六面体晶体结构，很多研究者使用密度泛函理论对方解石的晶体结构进行研究，结果表明，方解石晶体结构中各晶体学晶面具有显著的各向异性，晶体中离子键与共价键共存。对于研究方解石的结构及其对浮选的影响，高志勇等人使用断裂键密度的方法对方解石表面结构进行了分析并做了系统的晶体学研究，其结果表明方解石的常见暴露面是（$10\bar{1}4$）面。方解石的（$10\bar{1}4$）具有电中性结构和最小的断裂键密度，所以该面最容易发生断裂，是方解石的常见晶体学暴露面。在前期过程中，破磨矿物时输入能量较大，方解石除暴露常见暴露面外，还会暴露出额外的表面。依照高志勇等人[129]的断裂键密度方法，方解石各晶面断裂的由易到难是$(10\bar{1}4) > (01\bar{1}8) > (0001) > (21\bar{3}4) > (11\bar{2}0) > (10\bar{1}0)$。在研究抑制剂作用时，除考虑最常见的暴露面意外，还应考虑化学活性较高的晶面进行研究，因此本书为了建模符合条件，在选择性切面时对方解石含钙质点的晶面进行了研究。

萤石与方解石分别是立方晶体和斜六方晶系，均是存在表面各向异性的矿物，所以探讨萤石和方解石表面与药剂的作用原理，需要同时对两种矿物的不同解理面进行研究比较，才能得到比较可靠的结果。本节选取萤石（1 1 1）晶面和（1 0 0）面，选取方解石$(10\bar{1}4) > (01\bar{1}8) > (0001)$进行研究，转化到 MATERIALS STUDIO 软件中笛卡尔坐标，类似的（0 1 1）晶面、（1 1 2）晶面及（0 0 1）晶面进行研究。

对最初的晶面进行扩展，建立晶面大小保证药剂可以在晶体中自由旋转，在进行晶面设置时，对晶面除去近表面两层原子或单独分子外底层原子均进行坐标固定，而晶体表面原子则可以自由弛豫。这样的做法可以减小计算量，使得药剂吸附位点稳定。主要关注表层原子与药剂作用吸附能变化情况。

4.4.2 单宁酸模拟计算结构单元与性质

本书所使用的单宁酸属于大分子药剂，含有 174 个原子，考虑到量子化学计算大分子药剂体系的准确性。因此选择单宁酸水解后的单分子结构作为计算吸附能的单体，没食子酸是单宁酸水解后的主要产物[130]，可用一级电离体 H_2L^- 表示，认为水解产物在溶液体系中与矿物表面的吸附位点就是分子没食子酸吸附的前端，所以运用没食子酸计算其反应位点及模拟表面吸附结合过程。单宁酸及水解单体没食子酸结构式如图 4-31 所示。

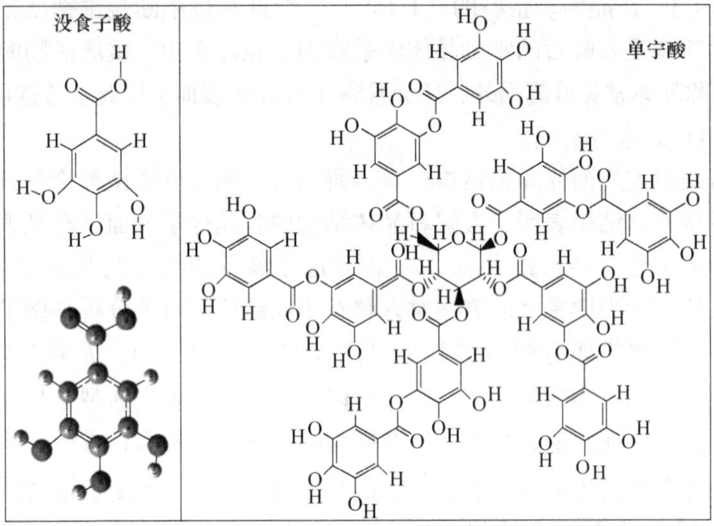

图 4-31　单宁酸及水解单体没食子酸结构式

通过对抑制剂进行量子化学分析从而得到分子的反应活性位点及结构信息如图 4-32 所示。

如图 4-32（a）所示，没食子酸的官能团有羧基，在羧基的对位和间位上分别分布了三个羟基。由有机化学可知，酚羟基和羧基同样都是亲水的基团，整个没食子酸体系具有一定极性，分子在一定情况下可以被极化，偶极矩为 2. 5145 Debye（水分子在相同计算条件下的偶极矩为 2. 5222 Debye）。图 4-32（b）和（c）进一步分析最高占据轨道与最低占据轨道，可以知道没食子酸的 3，4 位羟基和 1 位的羧基具有一定的失去电子的能力，而整个分子的空轨道较为分散，主要的分子轨道分散在苯环上导致分子不易得失电子。从图 4-32（c）可以看出，在分子状态下，3，4 位羟基具有一定的供电子能力，这与图 4-30（d）中的电势表现一致。图 4-30（d）的静电势图表明，同是分子电势高但苯环上的 3，4 位羟基处为负电势，羧基氧也处在负电势位置，羧基氧具有一定的亲核属性。图 4-32（f）的结果表明，酚羟基很容易失去质子，质子荷电高，而图 4-32（e）对分子的自然电荷布居分布则看出没食子酸分子具有较好的亲水的特性，羧基及酚羟基所在位置容易脱去质子，或者与水形成水合离子结构。就如图 4-32（e）中结果，脱去质子后羧基具有一定的亲核属性。在后面模拟计算中将该基团作为亲核位点。

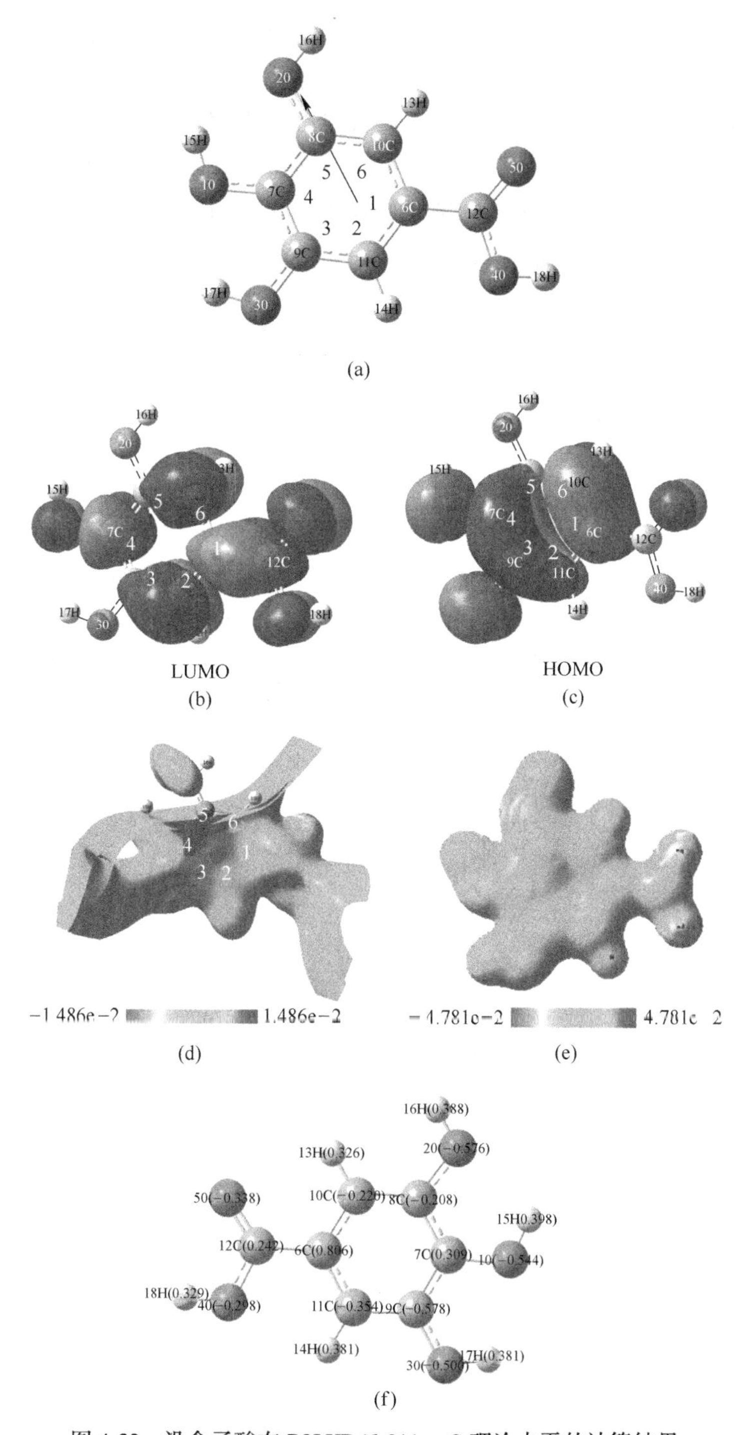

图 4-32 没食子酸在 B3LYP/6-311++G 理论水平的计算结果

(a) 优化后结构，偶极矩为 2.5145；(b) 最低占据轨道（LUMD）；(c) 最高占据轨道（LUMO）；(d) 没食子酸分子去掉羧基后的静电势图；(e) 没食子酸去掉羧基后的静电势图；(f) 自然原子电荷布居

综上所述，没食子酸为单宁酸的水解产物，具有很好亲水性能和多种亲水结构，能反映单宁酸反应前端作用位点性质，可以作为本节的研究对象，作为单宁酸的吸附前端的作用位点来开展模拟吸附抑制分离方解石与萤石的研究。没食子酸可能的吸附位点是脱去质子之后的羧酸结构，所以在之后的吸附模型中，初始结构模型建立时采用没食子酸的羧酸结构作为初始吸附位点。

4.4.3　单宁酸和萤石和方解石晶面吸附模拟结果

萤石表面被抑制剂吸附的位点认为只有表面暴露的钙位点，而氟则没有活性，认为抑制剂不会与氟作用，故比较两种晶体在钙质点上的吸附能差异，模拟计算结果如图 4-33 所示。

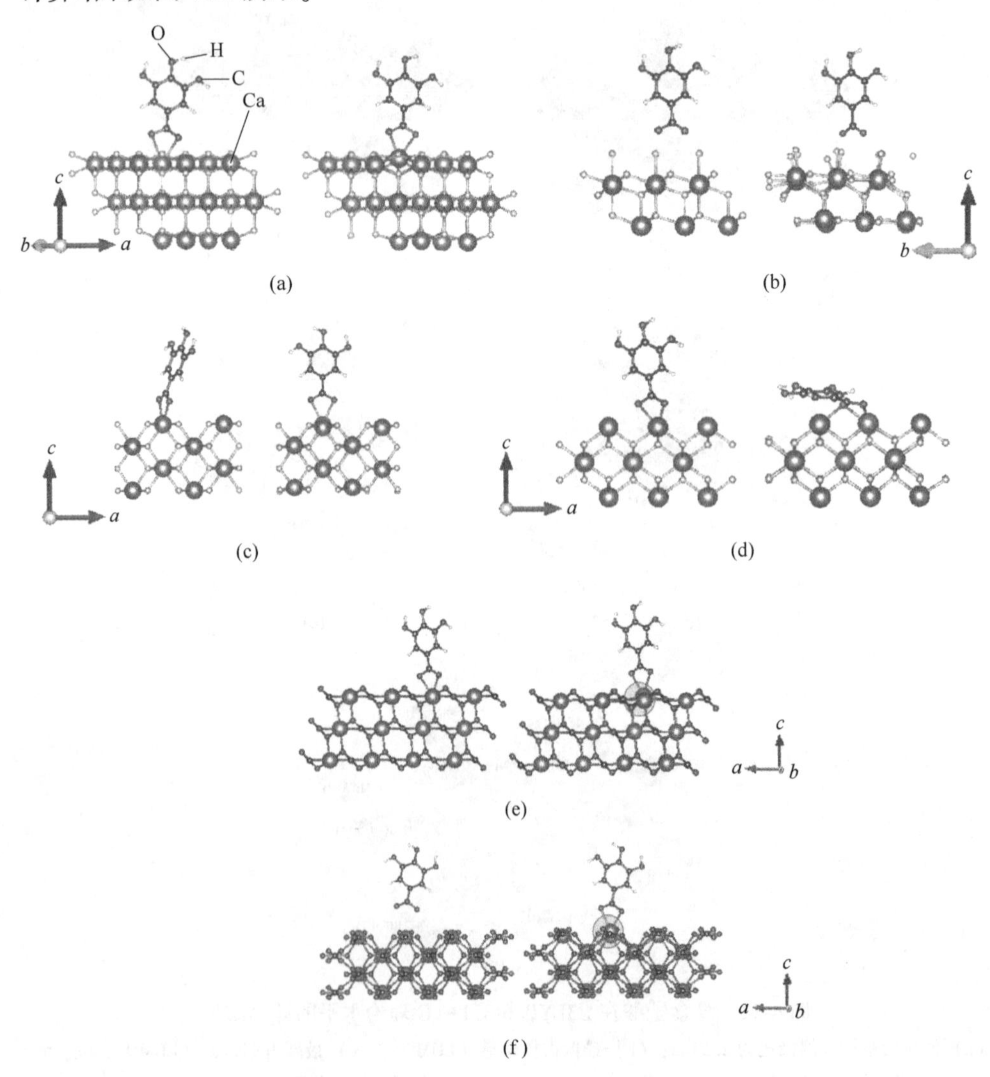

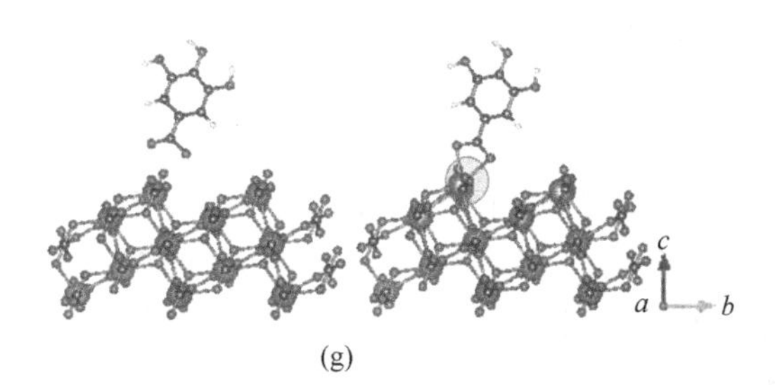

(g)

图 4-33 萤石（CaF_2）以及方解石（$CaCO_3$）各晶面与没食子酸作用结果
（a）CaF_2（111）钙暴露面吸附前(左)后(右)对比；（b）CaF_2（111）氟暴露面吸附前(左)后(右)对比；（c）CaF_2（110）面吸附前(左)后(右)对比；（d）CaF_2（010）面吸附前(左)后(右)对比；（e）$CaCO_3$（104）面吸附前(左)后(右)对比；（f）$CaCO_3$（018）面吸附前(左)后(右)对比；（g）$CaCO_3$（214）面吸附前(左)后(右) 对比

由没食子酸在方解石晶面的吸附前后对比图中可以看出，方解石表面钙原子成为活性质点，在优化过程中表面的碳酸结构发生改变，表面发生了明显的弛豫。从（104）面的吸附结果图可以看出，作为吸附位点的钙离子向外弛豫，与没食子酸羧基结合。吸附能为-68.43kJ/mol，吸附能的变化表明没食子酸与方解石（001）面发生了吸附，吸附能结果比较见表 4-1。随着表面暴露带正电电荷的钙原子的增加，吸附能也逐渐增大。方解石的常见暴露表面占比差异较小，都为常见表面。没食子酸在方解石各晶体表面均可吸附，从而在一定范围内只增加方解石的表面亲水性能，并且占据表面方解石的活性位点，使得表面亲水。

表 4-1 没食子酸与晶体表面吸附能结果

矿 物	表 面	吸附能/kJ · mol^{-1}
方解石	(1 0 4)	-68.43
	(0 1 8)	-159.77
	(2 1 4) (1 1 0)	-161.86 -1204.4
萤石	(1 1 1)-F	-59.18
	(1 1 1)-Ca	-202.13
	(1 1 0)	-122.31
	(0 1 0)	-586.74

在不考虑实际表面存在分子水吸附的情况下，没食子酸也能与晶体表面钙质点发生吸附。吸附过程中没食子酸的羧基氧可以与表面钙离子形成环状结构。（111）暴露面的计算结果显示，其吸附能较大，所以没食子酸也会和萤石表面发

生作用，作用后使得多羟基结构暴露在外，使得萤石亲水。吸附能与矿物表面暴露的活性位点相关，当表面暴露了大量的钙位点时，如萤石（0 1 0）面的吸附，没食子酸整个罩盖到表面，直接掩盖了矿物表面，但是（0 1 0）面不是常见解理面，因此这种特殊情况在实际下很少发生。本节对萤石的含氟表面的钙原子和最表层氟原子进行限制，允许两层氟原子暴露在外，限制其运动，得到吸附(1 1 1)-F 暴露面吸附结果。结果显示当表面氟受到限制时，没食子酸的吸附能降低为-59.18kJ/mol，与表面的吸附能减小。

由以上计算可知，没食子酸与萤石表面和方解石表面的常见暴露面均可发生吸附。考虑到萤石表面与方解石表面在实际浮选中均是在碱性条件下进行，所以两者表面会受到溶液中的羟基的影响。萤石常见解理面（1 1 1）以氟为表面原子的面表现出吸附能相对较小，这一点是有利于方解石与萤石的分离的。从吸附能可知，没食子酸对方解石与萤石的不同晶面的吸附具有一定差异选择性。

4.5 本章小结

通过润湿角、吸附量、动电位、红外光谱、XPS 检测手段，全面分析了聚丙烯酸与单宁酸对萤石方解石的作用机理。

(1) 润湿角结果与吸附量分析表明：聚丙烯酸能够在萤石表面均匀吸附，使其亲水性增加，但是对油酸钠在萤石表面的吸附影响有限；另外，聚丙烯酸能够在方解石表面大量不均匀吸附，使其表面强烈亲水，并且有可能阻碍后续油酸钠的单层均匀吸附。动电位、红外与 XPS 结果表明，聚丙烯酸在萤石表面能够被油酸钠取代，而方解石表面则不会，甚至不影响油酸钠的吸附。聚丙烯酸在萤石与方解石表面都有物理吸附与化学吸附，但是化学吸附的强度不同，导致在两种矿物表面对油酸钠竞争吸附的作用差异。在 O 的 1*s* 的 XPS 图中清晰地发现结合水的存在，证明了聚丙烯酸羧基与方解石水解产物 $Ca(OH)^+$的反应。

(2) 润湿角结果与吸附量分析表明：单宁酸能够在萤石表面均匀吸附，但是对萤石接触角影响较小，不会增加萤石亲水性；与此同时，单宁酸能够大幅度降低方解石的接触角，且吸附在方解石表面后能极大程度的阻碍油酸钠的吸附。动电位、红外、紫外和 XPS 结果表明，单宁酸在萤石表面仅为物理吸附，而方解石表面吸附方式较为复杂。方解石表面与单宁酸的作用位点是表面水化 $Ca(OH)^+$。然后紫外光谱结果证实了共轭基团对苯环和羰基基团的存在，以及酚羟基的与吸附位点反应生成了五环共轭系统。

(3) 通过溶液化学计算分析，弄清萤石与方解石以及单宁酸在 pH 值为 7 左右的各优势组分，最后计算得到萤石与单宁酸的作用的 ΔG_1 为正值，而方解石与单宁酸的作用的 ΔG_2 一直为负，说明单宁酸与方解石反应能够自发进行。

（4）量子化学计算分析了单宁酸主要水解单体没食子酸、分子静电势、电荷分布及前线轨道分布等因素，通过药剂吸附模拟计算结果表明没食子酸羧官能团与方解石的常见暴露面发生吸附，吸附能变化大于药剂与萤石暴露氟原子暴露晶面的吸附能量变化。该吸附能表明，单宁酸的前端分子结构能够与方解石表面形成能量更低的体系。

5　绢云母的夹带及金属离子活化机理

5.1　绢云母浮选夹带流体动力学研究与 CFD 数值模拟

对浮选过程流体动力学的研究是为了解浮选过程中流体内部流动规律和矿物颗粒运动与黏附情况，探明萤石中脉石矿物的浮选夹带现象主要受到哪些动力学等因素影响。

周凌锋、张强[131]针对气泡尺寸变化对微细粒浮选效果进行了研究，分析了气泡直径对浮选效果的影响。但是在矿化颗粒从浮选矿浆升浮至泡沫产品，以及从浮选泡沫层逐渐排出过程中，事实上很大一部分脉石矿物会随水分配，进入精矿产品，使得精矿品质下降。由于目的矿物嵌布粒度细，浮选入料细粒级伴生的绢云母也逐渐增加，而浮选中相同性质的方解石含量也不断增多，细粒级绢云母的夹带严重是萤石分选选择性差的重要原因。

另外，国内外学者针对矿石中脉石矿物的夹带行为进行了较多的研究。陆英等人[132]发现绢云母粒度与石墨浮选质量浓度显著影响着水回收率与精矿中云母的夹带量。张义等人[133]提出，缩短浮选时间，增加捕收剂用量以减少水流夹带。这与前面的浮选夹带结果相吻合。

本章通过 CFD 数值模拟考察此类浮选动力学因素，如流场分布、紊流强度、颗粒悬浮、气含率等因素对夹带的影响[134]。其中浮选内部动量传递是主要参数，液相的流动状态及运动趋势决定着浮选机内三相流的主要运动状态，由于精矿矿粒主要通过与气泡的碰撞黏附而被分选出并富集，气相分布和运动状态在很大程度上决定了浮选效率，所以这里主要针对气液两相流的研究，为以后解决萤石矿中绢云母夹带严重的问题提供理论依据[135]。

本书中 XFD 型单槽式浮选机的几何模型采用 Solidwork 软件进行建立，模型如图 5-1 所示。对模型的网格划分采用专业的网格划分工具 ANSYS ICEM-CFD。虽然 ANSYS ICEM-CFD 可以兼容类似于 Pro-E、CAD、SolidWorks 等多种常见格式的几何模型，但采用 Workbench 可以最大限度地避免格式兼容问题，使问题得到顺利解决。处理后的网格文件导入 CFX-Pre，确定初始条件，然后在 CFX-Solver 中进行数值计算，最后由 CFX-Post 输出结果。通过 ANSYS ICEM-CFD 软件划分的六面体网格如图 5-2 所示。

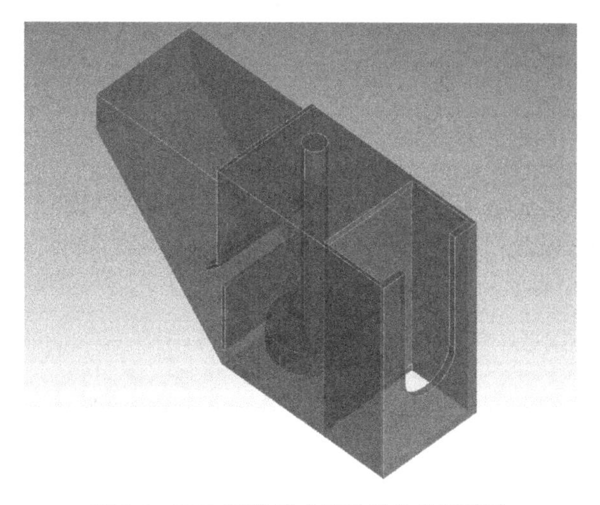

图 5-1 XFD 型单槽式浮选机的几何模型

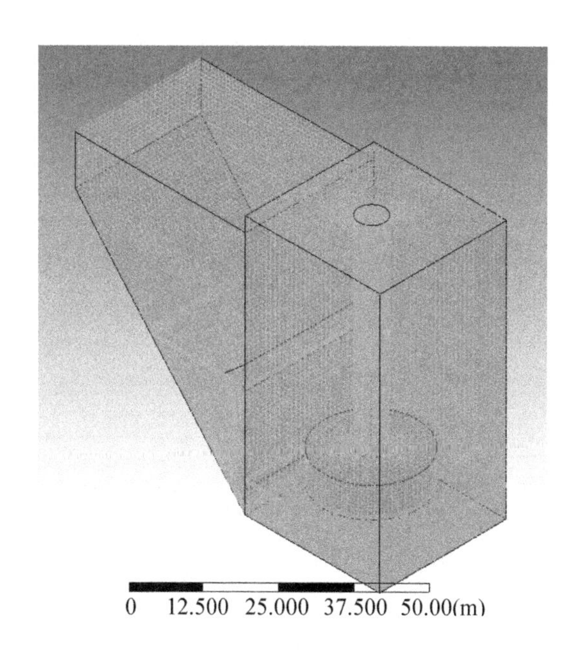

图 5-2 XFD 型单槽式浮选机模型的六面体网格划分

浮选机槽内湍流强度分布主要的考察对象是液相流场。从搅拌区域的分布来看，中心区域即叶轮搅拌区的湍流强度很大，这是叶轮上的叶片对流体做功的结果，从槽体内壁外缘到槽体壁面处的湍流强度是逐渐减小的，但是上升的区域由于壁面碰撞返回的湍流却是增加的。这是流体从叶片外缘甩出后碰到壁面再与新甩出的流体相互碰撞导致的结果。图 5-3 为模拟流场流速的具体情况。

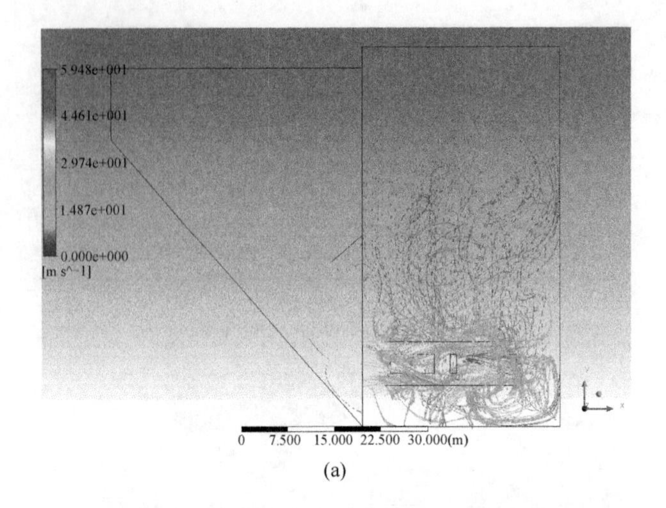
5.948e+001
4.461e+001
2.974e+001
1.487e+001
0.000e+000
[m s^-1]
0　7.500　15.000　22.500　30.000(m)

(a)

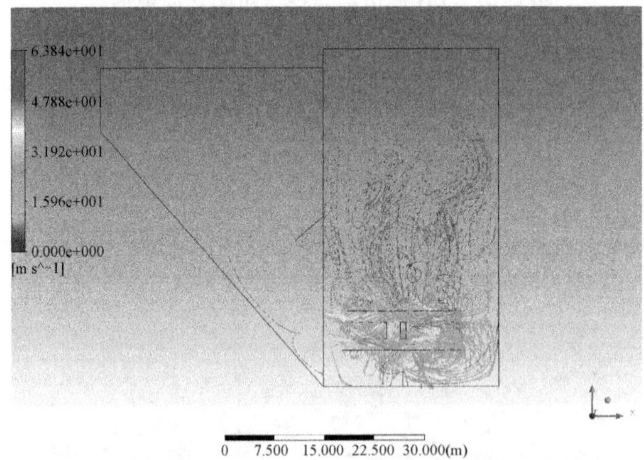
6.384e+001
4.788e+001
3.192e+001
1.596e+001
0.000e+000
[m s^-1]
0　7.500　15.000　22.500　30.000(m)

(b)

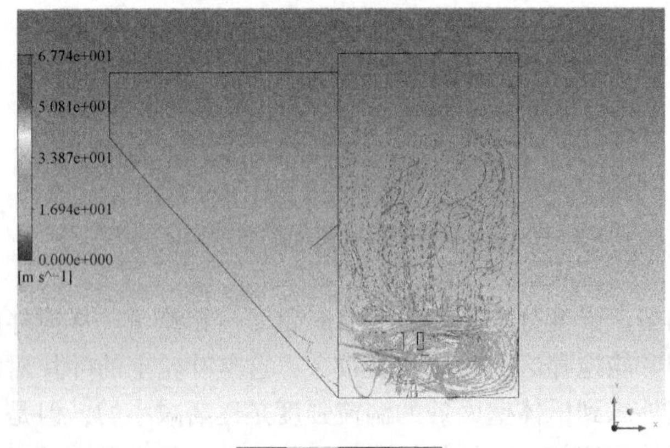
6.774e+001
5.081e+001
3.387e+001
1.694e+001
0.000e+000
[m s^-1]
0　7.500　15.000　22.500　30.000(m)

(c)

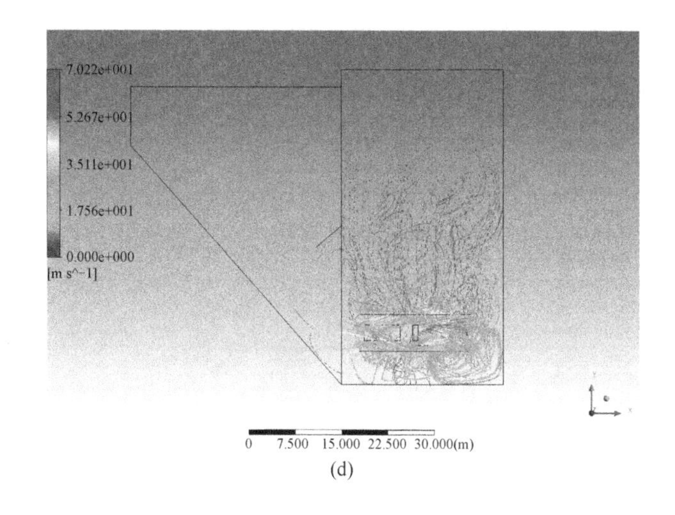

(d)

图 5-3 XFD 型单槽式浮选机槽内液相速度矢量图
(a) 1600r/min; (b) 1700r/min; (c) 1800r/min; (d) 1900r/min

如图 5-3 所示，随着转速的增加，整个浮选机槽内的液相速度矢量变化很小，说明目前的转速状态下，浮选机的流场都很稳定，并且在 1600~1900r/min 的转速下，叶轮附近的搅拌区域均匀分散。而较窄的浮选壁面能够将叶轮产生的切向旋转矿浆流转化为径向矿浆流，并没有矿浆在浮选槽中打旋，促进稳定的泡沫层形成，并有助于矿浆在槽内进行再循环。模拟的流场符合实际现象，但是流速矢量图并不能证明夹带现象的存在。

图 5-4 为浮选槽内液相流场涡流强度的整体分布。由于水是浮选槽内流体运动的主体，水相流场的分布在夹带率方面发挥着比气相流场更加重要的作用，因此这里未列举气相的涡流场。图中可见，转了的高速度使得矿浆与气泡可以充分混合，加大矿粒与气泡碰撞、黏附的概率。另外槽内上部区域的速度随着高度呈阶梯状递减。在挡板处出现明显的弯折涡流场域，并且随着转速的提高会使涡流场弯折的幅度增大。而且槽内底部挡板空隙处也有类似的现象。说明较小的速度能够保证上部气泡区域稳定，有利于浮选的顺利进行。而转速的不断增加，会导致浮选机下部循环的旋转矿浆通过两部挡板缝隙迅速甩出，此处的流场会不定时地在挡板处下方出现微小旋转流场，这会导致浮选过程上浮矿浆浓度增大，也会增大浮选的夹带率。在透明的单矿物浮选槽中，这种现象经常出现。CFD 数值模拟的液相涡流云图可以直观发现转速的提高会导致小型涡流场的形成，因此绢云母的夹带率随着涡流的强度的增大而增加。

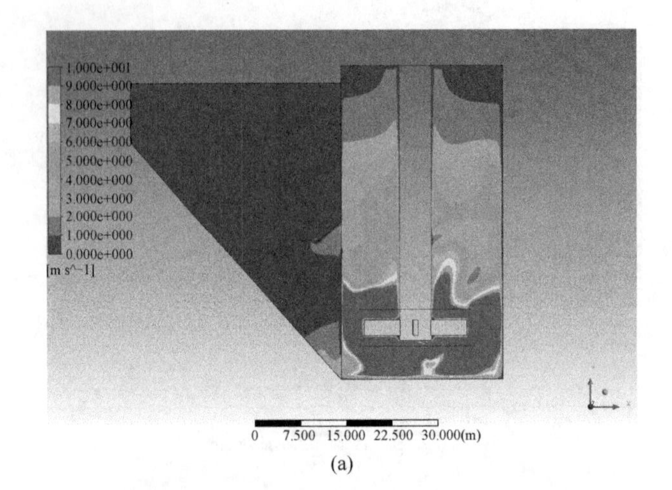
1.000e+001
9.000e+000
8.000e+000
7.000e+000
6.000e+000
5.000e+000
4.000e+000
3.000e+000
2.000e+000
1.000e+000
0.000e+000
[m s^-1]
0　7.500　15.000　22.500　30.000(m)
(a)

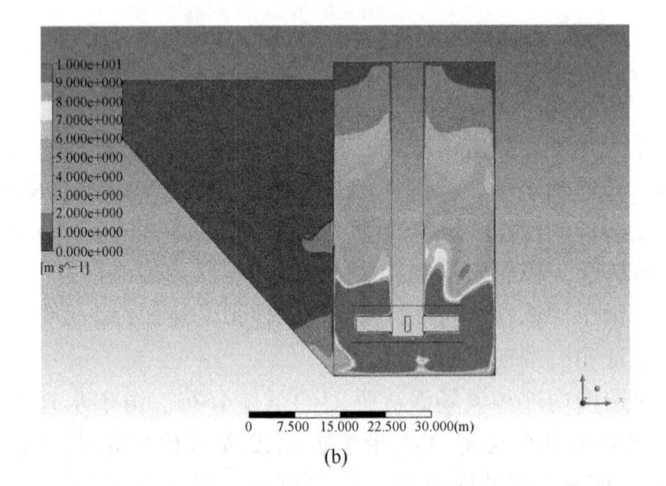
1.000e+001
9.000e+000
8.000e+000
7.000e+000
6.000e+000
5.000e+000
4.000e+000
3.000e+000
2.000e+000
1.000e+000
0.000e+000
[m s^-1]
0　7.500　15.000　22.500　30.000(m)
(b)

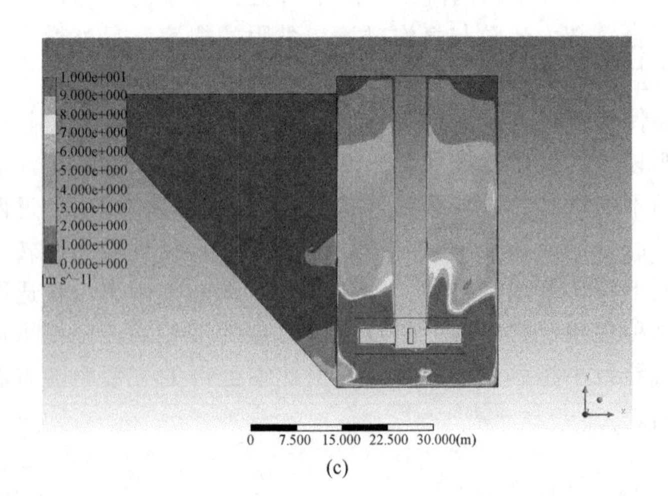
1.000e+001
9.000e+000
8.000e+000
7.000e+000
6.000e+000
5.000e+000
4.000e+000
3.000e+000
2.000e+000
1.000e+000
0.000e+000
[m s^-1]
0　7.500　15.000　22.500　30.000(m)
(c)

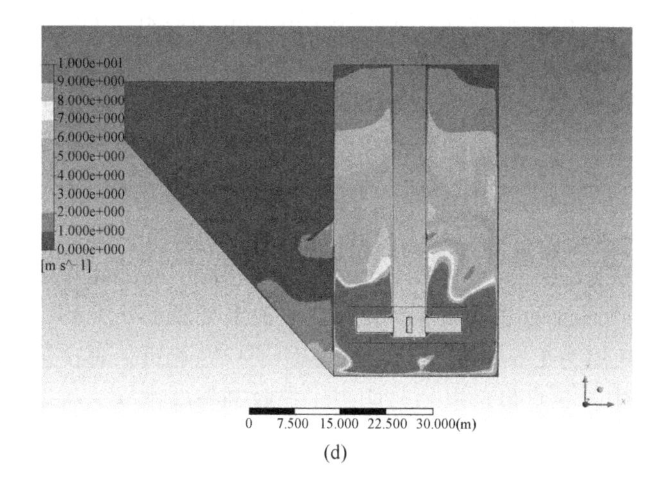

(d)

图 5-4 XFD 型单槽式浮选机槽内液相涡流云图

(a) 1600r/min; (b) 1700r/min; (c) 1800r/min; (d) 1900r/min

5.2 钙离子活化绢云母浮选机理

5.2.1 钙离子对油酸钠在绢云母表面吸附量研究

钙离子对油酸钠在绢云母表面吸附量的影响如图 5-5 所示，在温度 25℃下，

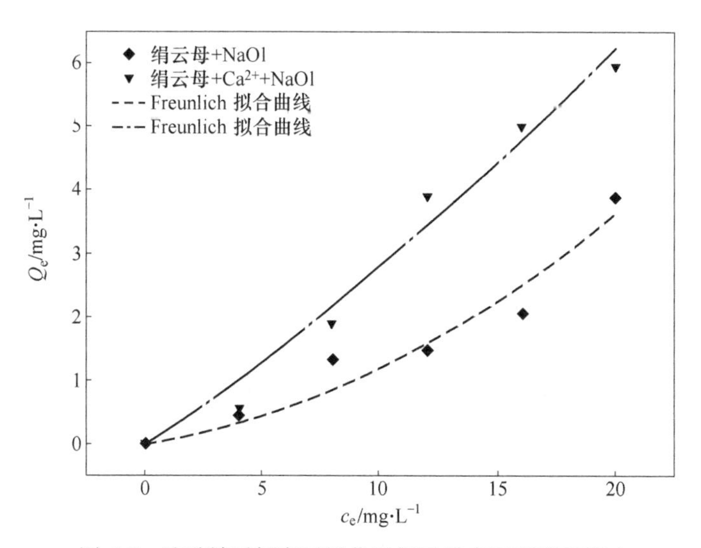

图 5-5 油酸钠对钙离子活化后绢云母表面吸附量影响

油酸钠在绢云母表面的吸附等温线通过用 Langmuir 方程和 Freundlich 方程同时拟合。比较后表明 Freundlich 方程拟合 R^2 大于 94%，因此图上 Freundlich 方程拟合的结果更加与实际情况接近一致。此结果表明油酸钠在云母表面的吸附都是不均匀吸附，同时钙离子活化后，油酸钠在绢云母表面的吸附量明显增加，这说明钙离子在绢云母表面吸附，而且吸附后的钙离子能够成为油酸钠的吸附位点。

5.2.2　钙离子浓度对绢云母表面动电位的影响

绢云母纯矿物表面动电位随 pH 值的变化关系如图 5-6 所示。由图可知绢云母的零电点在 pH 值为 1.5 左右，与文献报道[136, 137]相近。再次证明绢云母在萤石浮选溶液体系中，一直带负电，与阴离子捕收剂静电排斥，所以未经金属离子活化的矿物难以与油酸钠作用。

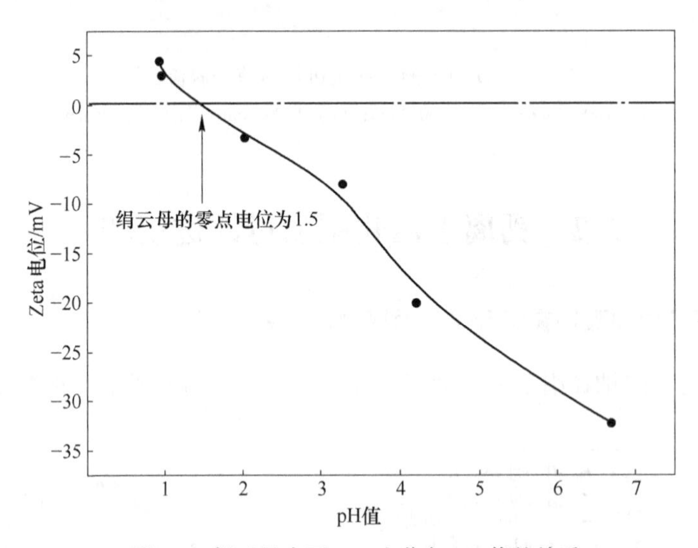

图 5-6　绢云母表面 zeta 电位与 pH 值的关系

不同钙离子浓度对绢云母表面 zeta 电位与 pH 的关系如图 5-7 所示。由图可知，不同浓度的钙离子与绢云母表面作用，都能使绢云母表面动电位值显著增加。并且随着钙离子浓度的增大，绢云母表面的动电位的增幅更为明显。表明钙离子在绢云母表面发生明显吸附。值得注意的是，钙离子浓度的增加并不能使绢云母表面荷正电，这与大量离子活化的研究中的动电位图不相同，说明钙离子在绢云母表面的吸附影响有限。

5.2.3　钙离子对绢云母表面红外光谱分析

图 5-8 是绢云母与不同浓度的钙离子作用后的红外光谱图，图上清晰的显示

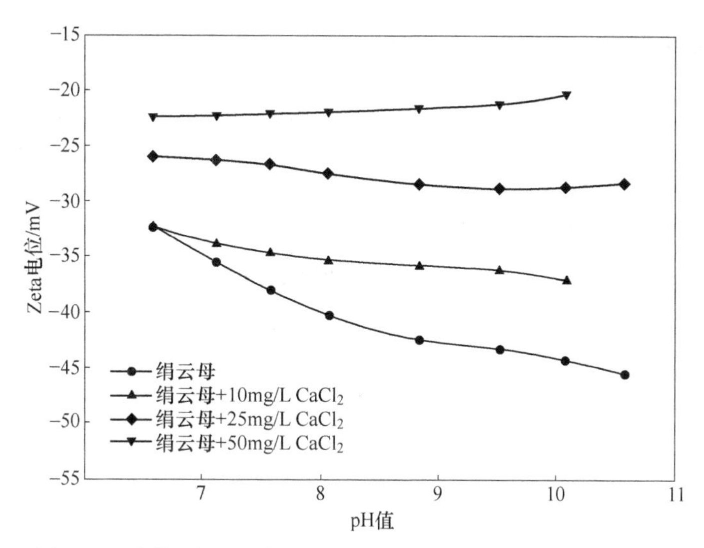

图 5-7 不同钙离子浓度对绢云母表面 zeta 电位与 pH 值的关系

绢云母矿物本身的特征峰，包括在 3625cm^{-1}处，可归因于 Al—OH 组的弹性振动峰；在 1032cm^{-1}处，则归因于 Si(Al)—OH 或 Si—O—Si(Al) 伸缩弹性振动峰[138]。另外两个变形振动峰都低于 600cm^{-1}，对应两个吸收带在 535cm^{-1}和 470cm^{-1}。即使扩大 $CaCl_2$ 用量，钙离子作用前后绢云母的红外光谱基本没有发生变化，说明钙离子吸附不是简单的物理和化学吸附。

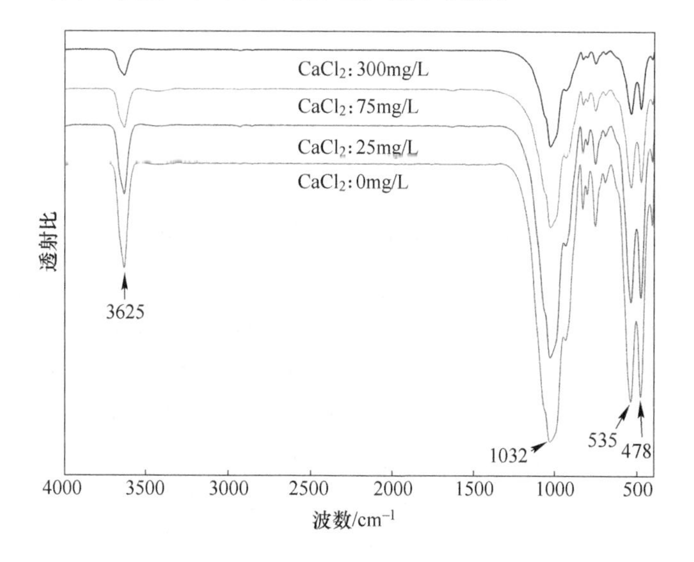

图 5-8 不同浓度的钙离子作用后绢云母的 FT-IR 图

5.2.4 钙离子对绢云母表面活化 DFT 计算

通过 DFT 模拟，首先选用了两个可能的钙离子吸附位点，也就是图 5-9 所示 Si-O-Al 与 Si-O-Si 中的 O 位点。最终计算结果显示，钙离子吸附位点近乎一致，因此两种结果都说明量化计算后的数据具备重复性；与此同时，吸附结果表明钙离子在真空条件的理想情况下，倾向于吸附在绢云母的氧六元环中间，由于该处位于六个氧原子的中心，电负性很强，因此钙离子空间的吸附位主要受到静电作用力的作用产生。

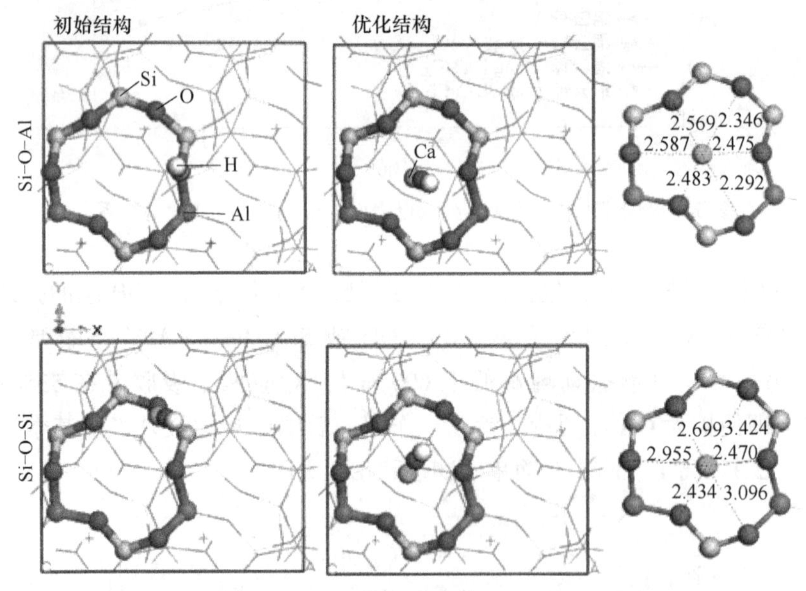

图 5-9 吸附 $CaOH^{+}$的绢云母（001）面的优化后俯视图
（原子键长的单位是 Å，1Å = 0. 1nm）

如图 5-10 所示，钙离子的活化过程主要通过绢云母表面水化作用，同时与钙离子活化互相作用。水在浮选过程中起着重要的作用，在计算中将水分子溶剂考虑进入吸附体系才能够较为贴切地描述钙离子对绢云母表面的活化行为。本章使用分子动力学对表面水分子进行平衡，平衡后取表面稳定的 10 个水分子结构（表面只覆盖了 10 个水分子）作为后续密度泛函计算研究钙离子水化对绢云母表面。从计算结果中容易看出表面水分子呈有序排列，① 到 ⑤标识的虚线表示氢与表面氧由氢键相连。同时，图 5-10（c）通过多面体结构表现出钙离子在表面发生水化作用并形成一个 6 配位的水化离子。表面水分子的一个氢朝向绢云母（001）表面的荷负电的氧，另外一个氢则与相邻水分子作用，从而在绢云母（001）表面形成一个紧密而有序的网状结构。羟基钙离子在表面水化的绢云母表面吸附后的吸附能较未水化的羟基钙在表面吸附的吸附能增加，表明表面水化有利于钙离子在绢云母表面的吸附。

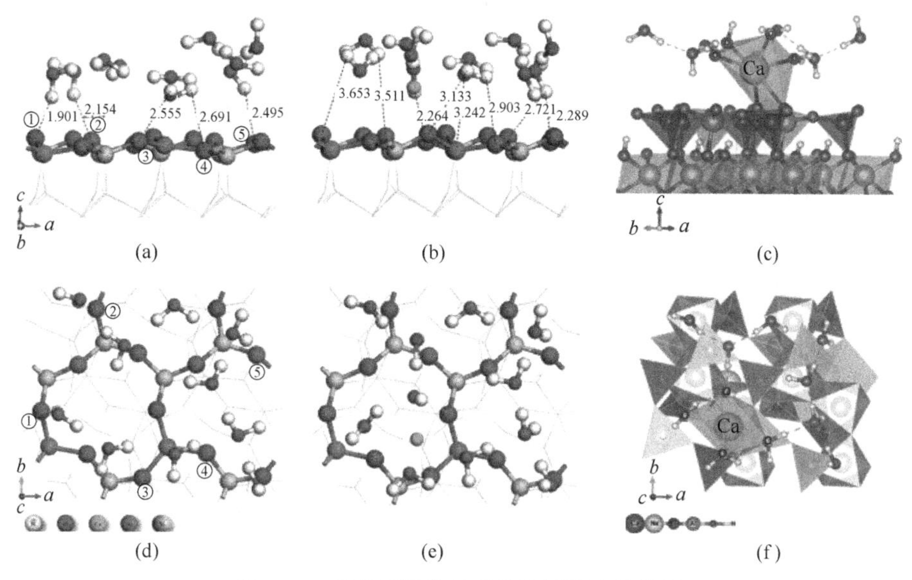

图 5-10　钙离子活化过程的侧视图和前视图

（a）10 个分子吸附在绢云母（001）面的侧视图；（b）10 个分子和 1 个 $CaOH^+$ 吸附在绢云母（001）面的侧视图，同时测量氢原子靠近表面的距离和它最近的氧原子的距离；（c）绢云母（001）面多面体结构的侧视图，突出 Ca^{2+} 的金属络合物；（d）10 个分子吸附在绢云母（001）面的前视图；（e）10 个分子和 1 个 $CaOH^{-1}$ 吸附在绢云母（001）面的前视图；（f）绢云母（001）面多面体结构的前视图

通过 DFT 计算验证，钙离子在绢云母表面没有化学吸附，是绢云母在水化过程中与钙离子形成了一种较稳定的水化结构。此结构由于暴露表面的钙离子荷正电以及氢键作用，会与阴离了捕收剂作用后导致绢云母的上浮。

5.3　多糖类糊精对活化绢云母浮选机理研究

在实际矿石选别中（参考图 6-5 的试验结果），可知糊精对活化后的绢云母抑制效果明显，因此，在前面钙离子的活化机理研究的基础上，本节将研究多糖类糊精对活化绢云母抑制机理。

5.3.1　糊精对钙离子活化后绢云母表面动电位的影响

如图 5-11 所示，在萤石浮选体系中，考察 pH 值范围在 6.5～11.5，糊精（20mg/L）对钙离子（50mg/L）活化后绢云母动电位的影响。绢云母表面钙离子水化结构使动电位上移，而加入糊精以后，随着溶液 pH 值的升高，糊精作用后的绢云母表面电位明显呈现下降趋势。大量的研究[139, 140]中发现，糊精的多羟基结构容易与金属离子相互作用，糊精的羟基均可以与表面的钙离子结合而抵消部分正电荷，使绢云母表面导致表面电荷更负。

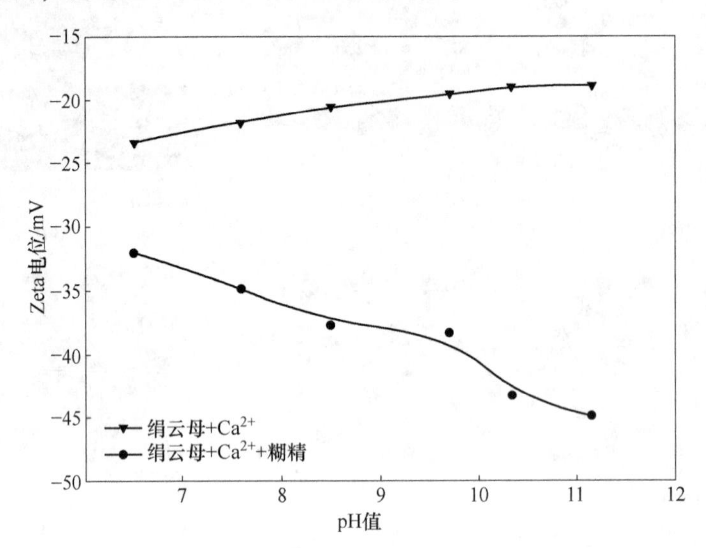

图 5-11　糊精对钙离子活化后绢云母表面 zeta 电位与 pH 值的关系影响

5.3.2　糊精对钙离子活化后绢云母表面红外光谱分析

糊精对钙离子活化后绢云母表面的红外光谱如图 5-12 所示，图中表明，绢

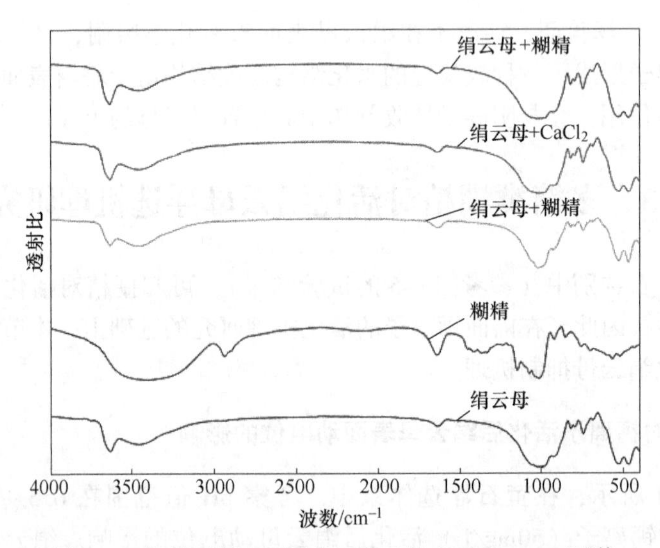

图 5-12　糊精对钙离子活化后绢云母表面的 FT-IR 图谱

云母矿物本身的特征峰，即使钙离子的活化后也依然没有变化。这个结果再次验证了图 5-8 的结论。而绢云母表面如果单独与糊精作用，绢云母也没有任何变化，说明糊精无法吸附在绢云母表面。值得注意的是，被钙离子处理后的绢云母与糊精作用，也没有发生任何变化，在红外光谱中难以发现糊精对钙离子活化后的绢云母的吸附作用。

5.3.3 糊精在钙离子活化后绢云母表面作用的 XPS 分析

用 XPS 测定绢云母与糊精及钙离子作用后矿物表面氧原子化学氛围的变化，以此来研究糊精的作用形式，结果如图 5-13 所示。

由图 5-13 的结果可以看出，不论是钙离子活化还是糊精作用，绢云母表面氧原子结合能与未用药剂作用的绢云母矿表面原子的结合能相比，没有明显的变化。由此可以判定这类作用后，绢云母矿表面的氧原子作为质点，其电子结合能并未发生变化，糊精的吸附可能是物理吸附。结合动电位、红外光谱与之前的计算结果来看，糊精本身在活化绢云母矿物表面的吸附很弱，主要是物理吸附，可能是糊精氢键作用破坏了钙离子的水化结构，改变溶液的表面张力，使绢云母的极性面更加亲水。

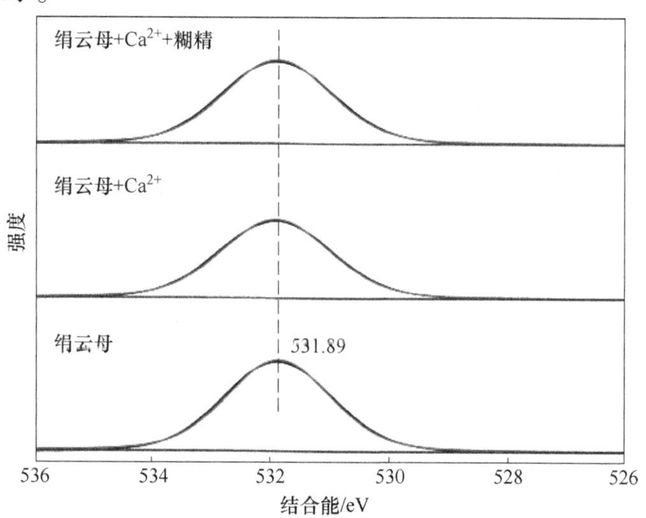

图 5-13 糊精与钙离子作用前后绢云母 XPS 分析的 O 的 1*s* 图

绢云母与钙离子及糊精作用前后表面的 C、K、O、Ca、Al 和 Si 等元素含量见表 5-1，分析结果可知，绢云母被钙离子活化后其他元素含量变化不大，但 Ca 的含量从 0.15%增加到 0.59%，说明了钙离子的吸附。糊精作用的绢云母与纯矿物的对比发现，元素含量变化也很小，说明糊精单独不会与绢云母作用。而糊精作用在钙离子活化后的绢云母，对比结果发现，活化的 Ca 的含量从 0.59%降低到 0.38%；表明糊精能够把一定量的钙离子脱附。

表 5-1 药剂作用前后绢云母表面的 XPS 主要元素含量 (%)

元素	绢云母	绢云母+Ca^{2+}	绢云母+糊精	绢云母+Ca^{2+}+糊精
C	12.58	10.3	10.47	10.19
K	5.46	4.92	5.39	4.99
O	36.7	37.2	37.62	36.71
Ca	0.15	0.59	0.21	0.38
Al	20.74	22.01	21.27	22.21
Si	24.37	24.97	25.05	25.52

5.4 本章小结

（1）CFD 数值模拟试验结果证明浮选机转速增加，会导致流场中出现微小旋转涡流域，从而使浮选过程上浮矿浆浓度增大，也会增大浮选的夹带率。因此绢云母的夹带率随着涡流的强度的增大而增加。

（2）油酸钠在绢云母表面的吸附量明显增加，说明钙离子在绢云母表面吸附，而且吸附后的钙离子能够成为油酸钠的吸附位点。动电位结果表明，钙离子在绢云母表明发生明显吸附。但钙离子浓度的增加并不能使绢云母表面转荷正电。红外与量子化学计算结果表明：钙离子在绢云母表面没有化学吸附，是绢云母在水化过程中与钙离子形成了一种较稳定的水化结构。此结构由于暴露表面的钙离子荷正电以及氢键作用，会与阴离子捕收剂作用后导致绢云母的上浮。

（3）表面电位分析表明，糊精的多羟基结构容易与金属离子相互作用，溶液中的氧氧根离子与糊精的羟基均可以与表面的钙离子结合而抵消部分正电荷，导致绢云母表面电荷更负。红外与 XPS 分析证明，糊精本身在活化绢云母矿物表面的吸附很弱，主要是物理吸附，改变了溶液的表面张力，使绢云母的极性面更加亲水。

6　绢云母-方解石-萤石矿的工业实践

湖南界牌岭萤石矿属鳞片状绢云母，含炭质方解石和萤石矿，萤石矿体接近地表，且属于裂隙充填矿体。矿体经过长年的风化侵蚀，含泥量大。选矿生产中难题如下。

（1）由于该萤石矿萤石晶体与绢云母紧密嵌布、嵌布粒度细，为使萤石解离，矿石需要细磨。但绢云母由于硬度低，在细磨过程中，会优先磨碎泥化，形成次生泥。试验分析可知，矿石经一段磨矿后粒径在37μm和20μm以下的组分分别占到了原矿量的39. 96%和20. 77%。矿石原有矿泥和磨矿形成的大量次生矿泥，由于粒径小、比表面积大、活性高，进入浮选作业后会消耗大量浮选药剂，导致浮选泡沫黏度大，矿泥夹带严重，精矿品位提升困难。对萤石精矿的分析可知，品位为88. 62%的萤石精矿中仍还有7. 39%的 SiO_2，这表明绢云母的大量夹杂使得浮选精矿品位提升困难。

（2）界牌岭萤石矿，萤石平均品位虽然在40%左右，碳酸钙品位8%~10%。方解石与萤石都是含钙矿物，它们对NaOl等脂肪酸类捕收剂均表现出良好的可浮性，使之与萤石的分离困难。

因此，在理论研究的基础上，本章针对典型绢云母-含炭质方解石-萤石矿进行了浮选粗选、精选工艺条件试验，最佳工艺流程、中试试验及工业试验，验证新药剂与新工艺的工业应用效果。

6.1　原矿工艺矿物学

湖南界牌岭萤石矿石中的矿物成分主要为萤石、黄玉、白云母、绢云母、铁锂云母、方解石等（见图6-1），次要矿物有水铝石、石英、绿泥石等，少见矿物有金绿宝石、氟镁石、硅铍石、黄铁矿、方铅矿、毒砂及锡石。

经两个机构对该萤石矿石多元素分析，矿区内萤石的化学成分见表6-1，从表中可以看出，矿石中以 CaF_2 为主，含量为40. 84%~46. 98%，其次为 $CaCO_3$、SiO_2、Al_2O_3、Fe_2O_3，另有少量的Sn、Pb、Zn、Cu等有色金属元素，杂质含量较低。

显微镜下观察该萤石矿的磨片可知，萤石在矿石中呈半自形或它形粒状，多

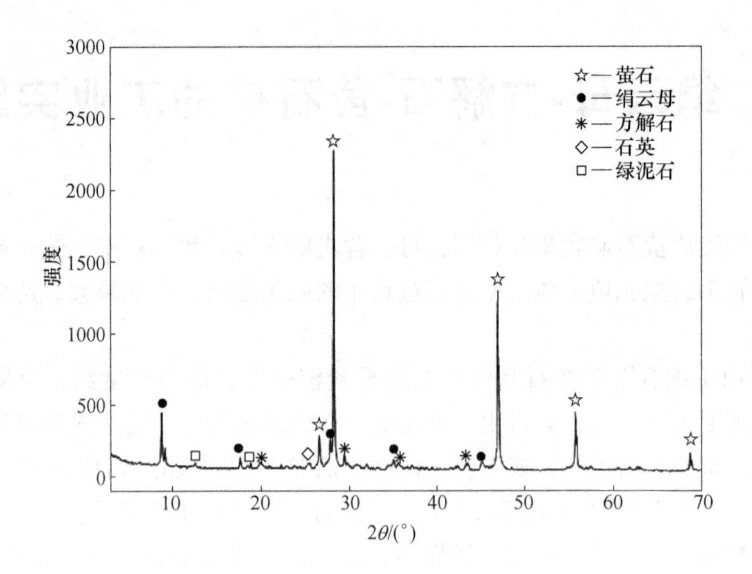

图 6-1　现场萤石矿样 XRD 分析

表 6-1　萤石矿石中多元素分析结果

矿物成分	CaF_2	$CaCO_3$	SiO_2	Al_2O_3	Fe_2O_3	BeO	Sn	Pb
含量/%	46.98	13.79	11.66	1.20	1.02	0.19	0.013	0.24
	40.84	15.11	16.80	3.80	3.91	0.26	0.035	0.12
矿物成分	Zn	Cu	S	P	As	MgO	MnO	Ag (g/t)
含量/%	0.13	0.015	0.10	0.01	0.006			
	0.12					2.86	1.02	10

呈聚晶粒状或块状集合体。由于后期的碎裂作用和溶蚀作用，在萤石聚晶集合体的碎裂缝隙和溶蚀孔洞中，充填交代含碳质方解石和鳞片状绢云母，局部有玉髓或褐铁矿充填交代，并且常有方解石或绢云母充填于萤石的沿解理面定向排布的细小溶蚀孔中，因此即使是粗晶萤石也不纯净，往往含有细或微粒方解石包裹体。由于萤石的碎裂或溶蚀缝隙为绢云母、方解石、玉髓、褐铁矿等矿物充填交代，萤石与这些矿物之间形成了复杂而紧密的嵌布关系，使得萤石的嵌布粒度细化而难选；并由于萤石中含有部分无法解离的杂质矿物（1~10μm）包裹体，而使得萤石不纯净，难以得到高品位的萤石精矿。萤石嵌布粒度主要在 0.04~0.5mm 范围见表 6-2。

表 6-2 萤石的嵌布粒度

粒级/mm	粒级分布/%	负累计含量/%
>0.64	3.69	100
0.32~0.64	11.98	96.31
0.16~0.32	24.42	84.33
0.08~0.16	30.34	59.91
0.04~0.08	15.63	29.57
0.02~0.04	7.43	13.94
0.01~0.002	4.22	6.51

6.2 界牌岭萤石矿浮选小试试验

6.2.1 粗选条件试验

为了进一步了解主要矿物的粒度分布特性，以便确定合理的磨矿细度（精矿再磨），在显微镜下采用线段法对样品中的萤石、方解石及绢云母的粒度进行了系统的分析；现场原矿样粒度分析采用湿式手筛法。萤石、方解石、绢云母及原矿样的粒度分布如图 6-2 所示。结果表明萤石和方解石主要分布在 0.074~0.025mm，但是绢云母比另外两种矿石更细。原矿粒度分析结果表明 F80 和 F50 分别是 50μm 和 20μm，表明现场只能通过细磨才能保证萤石与其他两种脉石的单体解离。

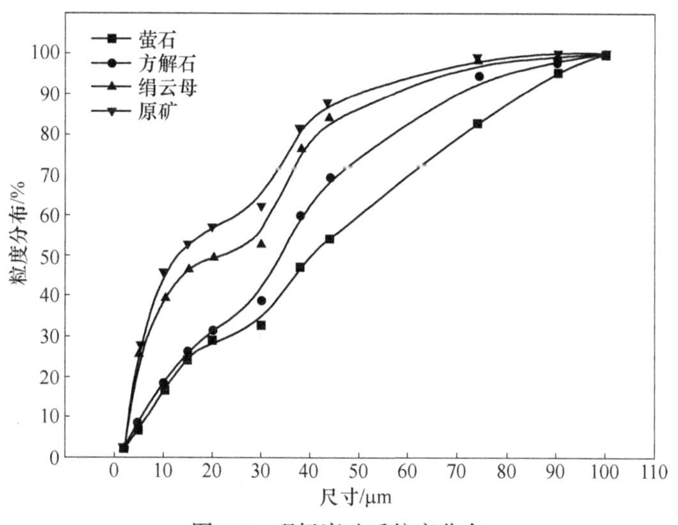

图 6-2 现场磨矿后粒度分布

粗选磨矿条件试验见表 6-3，药剂制度采用现场常用药剂制度（油酸钠为 250g/t，Na_2CO_3 为 1.8kg/t，水玻璃为 1.2kg/t）。

表 6-3 磨矿产品细度对粗选结果的影响 (%)

产品细度小于0.043mm（325目）占比	粗选品位		粗选回收率	
	CaF_2	$CaCO_3$	CaF_2	$CaCO_3$
60	67.21	1.32	81.42	49.32
70	69.23	1.23	89.23	51.65
80	73.62	1.43	88.81	56.94
90	75.32	1.45	83.99	60.45

通过选取不同细度的现场给矿样进行试验对比，由表 6-3 可看出，低钙的萤石矿磨矿细度小于 0.043mm（325 目）在 80%以上浮选效果较佳。

6.2.1.1 捕收剂条件试验

主要的三个常用药剂的粗选条件试验，选别流程如图 6-3 所示，NaOl 用量条件试验结果见表 6-4。

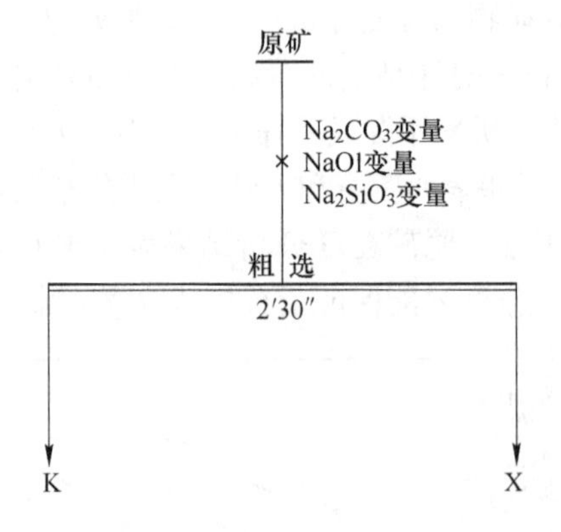

图 6-3 萤石粗选药剂条件试验工艺流程

表 6-4 试验结果表明在单一捕收剂：NaOl 且未添加其他药剂的条件下，随着 NaOl 用量增加，萤石的回收率显著提高，精矿最优品位出现在 NaOl 为 200g/t 的用量，因此后续试验以 NaOl 品位在 200～300g/t 开展。

表 6-4 NaOl 用量条件试验结果

NaOl 药剂条件 /g·t^{-1}	产品名称	产率/%	品位/%		作业回收率/%	
			CaF_2	$CaCO_3$	CaF_2	$CaCO_3$
100	K	23.08	68.03	5.94	33.31	37.58
	X	76.92	40.86	2.96	66.69	62.42
	给矿	100	47.13	3.65	100	100

续表 6-4

NaOl 药剂条件 /g · t^{-1}	产品名称	产率/%	品位/%		作业回收率/%	
			CaF_2	$CaCO_3$	CaF_2	$CaCO_3$
200	K	45.14	71.31	5.30	68.31	62.29
	X	54.86	27.22	2.64	31.69	37.71
	给矿	100	47.12	3.84	100	100
300	K	51.48	70.70	4.99	77.38	67.32
	X	48.52	21.93	2.57	22.62	32.68
	给矿	100	47.04	3.82	100	100
400	K	56.93	68.79	4.70	82.91	72.90
	X	43.07	18.75	2.31	17.09	27.10
	给矿	100	47.24	3.67	100	100

6.2.1.2 捕收剂与 Na_2CO_3 交互条件试验

表 6-5 和表 6-6 结果表明：当 NaOl 用量为 200g/t 时，随着 Na_2CO_3 用量由 11~2.5kg/t 的增加，萤石的回收率从 82.39%增加到 93.83%。但精矿 CaF_2 品位普遍较低，从 65.46%到 60.12%。当 NaOl 用量为 300g/t 时，随着 Na_2CO_3 用量由 1kg/t 增加到 2.5kg/t，萤石的回收率从 85.04%增加到 94.76%，但精矿 CaF_2 品位从 68.63%降至 62.725%。分析发现，精矿中有大量的杂质碳酸钙富集，碳酸钙回收率从 71.47%增加到 85.52%。

表 6-5　Na_2CO_3 用量试验结果

药剂条件（Na_2CO_3）/kg · t^{-1}	产品名称	产率/%	品位/%		回收率/%	
			CaF_2	$CaCO_3$	CaF_2	$CaCO_3$
1	K	54.99	65.46	8.45	82.39	73.67
	X	45.01	17.09	3.69	17.61	26.33
	给矿	100	43.69	6.31	100	100
1.5	K	57.69	63.40	9.00	86.86	79.22
	X	42.31	13.08	3.22	13.14	20.78
	给矿	100	42.11	6.55	100	100
2	K	63.17	63.18	7.48	90.84	80.34
	X	36.83	10.92	3.14	9.16	19.66
	给矿	100	43.93	5.88	100	100
2.5	K	65.88	60.12	7.89	93.83	85.13
	X	34.12	7.63	2.66	6.17	14.87
	给矿	100	42.21	6.11	100	100

上述几项试验结果表明：在不同 NaOl 用量下，Na_2CO_3 可有效地提高萤石回收率，但是同时会增大精矿中碳酸钙杂质的含量，使萤石精矿 CaF_2 品位降低。因此添加适量的 Na_2CO_3，在保证萤石回收率的同时，选取合适的 NaOl 用量，可获得较好的萤石精矿品位，后续实验着重以 NaOl 用量 200g/t，Na_2CO_3 用量 2kg/t 与 NaOl 用量 300g/t，Na_2CO_3 用量为 1.5kg/t 对比为主。

表 6-6　Na_2CO_3 用量试验结果（NaOl：300g/t）

药剂条件（Na_2CO_3）/kg · t^{-1}	产品名称	产率/%	品位/%		回收率/%	
			CaF_2	$CaCO_3$	CaF_2	$CaCO_3$
1	K	53.81	68.63	5.44	85.04	71.47
	X	46.19	14.06	2.53	14.96	28.53
	给矿	100	43.42	4.10	100	100
1.5	K	59.98	64.66	5.34	90.53	79.45
	X	40.02	10.14	2.07	9.47	20.55
	给矿	100	42.84	4.03	100	100
2	K	66.27	63.17	6.42	94.26	84.12
	X	33.73	7.55	2.38	5.74	15.88
	给矿	100	44.41	5.06	100	100
2.5	K	66.41	62.72	6.45	94.76	85.52
	X	33.59	6.86	2.16	5.24	14.48
	给矿	100	43.96	5.01	100	100

6.2.1.3　水玻璃、捕收剂和 Na_2CO_3 交互条件试验

表 6-7 为 NaOl 用量 200g/t，Na_2CO_3 用量 2.0kg/t 时，加入不同用量水玻璃的结果，可见，萤石精矿品位从 70.91%小幅增加到 72.14%。萤石精矿回收率出现小幅增加的现象，可得出此条件下水玻璃以 2kg/t 为宜。

表 6-7　水玻璃用量试验结果

药剂条件（水玻璃）/kg · t^{-1}	产品名称	产率/%	品位/%		回收率/%	
			CaF_2	$CaCO_3$	CaF_2	$CaCO_3$
500	K	49.90	70.91	6.07	85.94	61.65
	X	50.10	11.55	3.76	14.06	38.35
	给矿	100	41.17	4.91	100	100
1	K	45.58	70.44	7.52	85.32	63.56
	X	54.42	10.15	3.61	14.68	36.44
	给矿	100	37.63	5.39	100	100

续表 6-7

药剂条件（水玻璃）/kg·t^{-1}	产品名称	产率/%	品位/%		回收率/%	
			CaF_2	$CaCO_3$	CaF_2	$CaCO_3$
1.5	K	53.00	71.83	5.73	87.40	69.32
	X	47.00	11.68	2.86	12.60	30.68
	给矿	100	43.56	4.38	100	100
2	K	54.28	72.14	6.79	88.89	67.34
	X	45.72	10.71	3.91	11.11	32.66
	给矿	100	44.06	5.47	100	100

表 6-8 为 NaOl 用量 300g/t，Na_2CO_3 用量 1kg/t 时，加入不同用量水玻璃的结果，可见，萤石精矿品位为 68.79%下降到 67.38%，萤石精矿回收率从 92.9%小幅下降至 90.43%。可得出此条件下水玻璃以 1kg/t 左右为宜。

表 6-8 水玻璃用量试验结果

药剂条件（水玻璃）/kg·t^{-1}	产品名称	产率/%	品位/%		回收率/%	
			CaF_2	$CaCO_3$	CaF_2	$CaCO_3$
500	K	59.15	68.79	5.51	92.90	77.63
	X	40.85	7.61	2.30	7.10	22.37
	给矿	100	43.80	4.20	100	100
1	K	59.30	68.06	7.68	91.27	80.04
	X	40.70	9.48	2.79	8.73	19.96
	给矿	100	44.22	5.69	100	100
1.5	K	61.25	67.92	7.54	91.09	84.24
	X	38.75	10.50	2.23	8.91	15.76
	给矿	100	45.67	5.48	100	100
2	K	58.76	67.38	7.82	90.43	80.79
	X	41.24	10.16	2.65	9.57	19.21
	给矿	100	43.78	5.69	100	100

表 6-9 为 NaOl 用量 300g/t，Na_2CO_3 用量 1.5kg/t 时，加入不同用量水玻璃的结果，可见，萤石精矿品位为从 73.87%增加到 79.24%，萤石精矿回收率较高。可得出此条件下水玻璃以 1kg/t 左右为宜。

表 6-9 水玻璃用量试验结果

药剂条件（水玻璃）/kg·t^{-1}	产品名称	产率/%	品位/%		回收率/%	
			CaF_2	$CaCO_3$	CaF_2	$CaCO_3$
500	K	61.70	73.87	1.62	92.84	71.70
	X	38.30	9.18	1.03	7.16	28.30
	给矿	100	49.10	1.39	100	100
1	K	55.58	76.54	1.73	91.27	67.13
	X	44.42	9.16	1.06	8.73	32.87
	给矿	100	46.61	1.43	100	100
1.5	K	54.60	79.24	1.54	88.40	62.74
	X	45.40	12.51	1.10	11.60	37.26
	给矿	100	48.94	1.34	100	100
2	K	47.97	78.90	1.62	85.06	55.87
	X	52.03	12.78	1.18	14.94	44.13
	给矿	100	44.50	1.39	100	100

通过调整剂和捕收剂的用量试验后，抑制剂水玻璃的条件试验结果表明：在不同NaOl用量下，萤石回收率会随着Na_2CO_3用量的增加而升高，但萤石品位会随着Na_2CO_3用量的增加而降低。最终确定Na_2CO_3 1.5kg/t、NaOl 300g/t、水玻璃1kg的条件是保证萤石回收率的同时，较好的兼顾了萤石精矿的品位。

6.2.2 精选药剂条件试验研究

国外的学者Mowla报道，采用浮选过程中脉石矿物的去除率来评价抑制剂的抑制效果。具体去除率公式如下：

$$\eta = \frac{C_i}{C_f} \times 100\%$$

式中，C_i、C_f分别为最初的绢云母或者是方解石在萤石矿中的品位。

由于精选过程中，参与的药剂条件多、流程长，因此简化后精选浮选流程图如6-4所示。

图6-5为3种典型的多糖抑制剂去除绢云母的结果。可见，随着多糖抑制剂的增加，萤石的回收率普遍降低，绢云母SiO_2的去除率同时增加。当添加CMC，药剂用量增加到400g/t时，萤石的回收率急剧下降。CMC、淀粉、糊精都有类似情况。对萤石回收率影响强弱的顺序为CMC>淀粉>糊精。但是对绢云母SiO_2的去除率则正好相反。因此糊精抑制绢云母的效果则以400~500g/t为最佳用量。

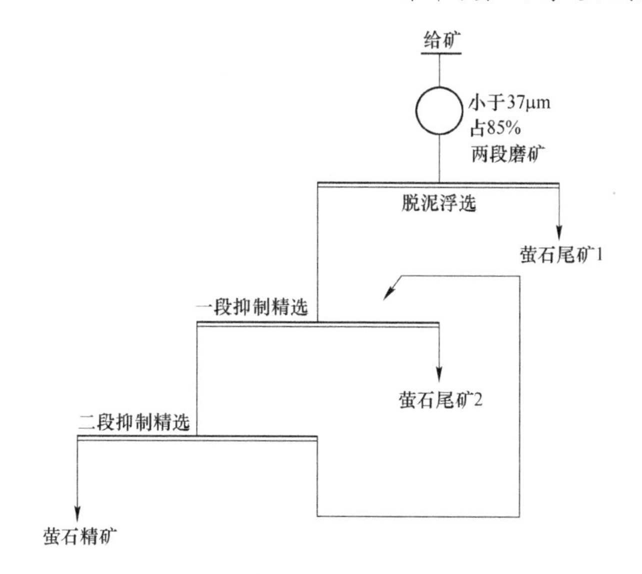

图 6-4 两段抑制简化流程

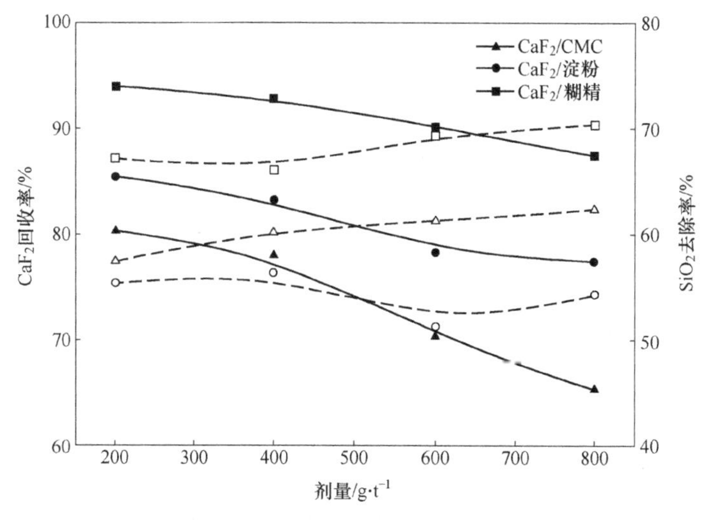

图 6-5 CMC、淀粉、糊精对萤石矿产品回收率和硅酸盐去除率的影响

图 6-6 为水玻璃与糊精组合对萤石精矿回收率和硅酸盐去除率的影响，结果表明，糊精加入会导致萤石的回收率小幅度下降，但是会极大地增加绢云母的去除率,相比单一水玻璃去除率增加值约为 15%，说明糊精抑制绢云母的效果非常显著。

进一步考察水玻璃与糊精配比对萤石指标的影响，如图 6-7 所示，可以看出，萤石回收率最高的情况出现在水玻璃与糊精配比 2∶1 的条件下，萤石精矿中绢云母的回收率是最低的，因此考虑脱硅的浮选中水玻璃与糊精最佳比例在 2∶1 左右。

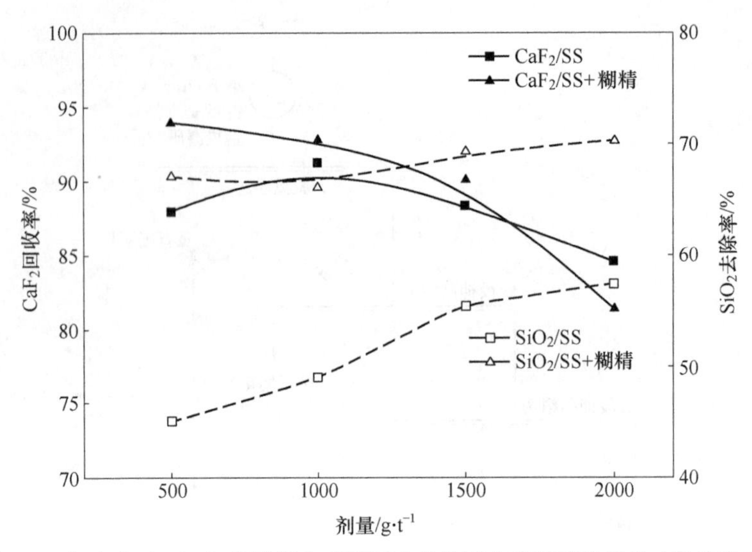

图 6-6 水玻璃（SS）与糊精组合对萤石矿产品回收率以及硅酸盐去除率的影响

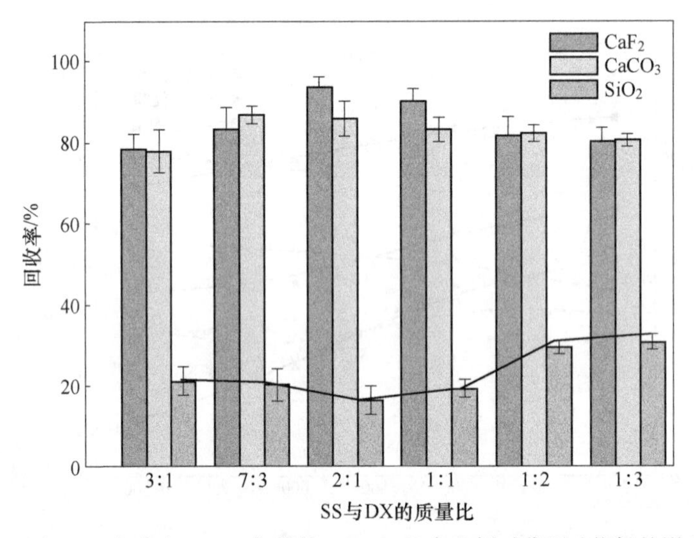

图 6-7 水玻璃（SS）与糊精（DX）组合比例对萤石矿指标的影响

糊精加水玻璃的组合抑制效果对绢云母的去除有效，但是对方解石的抑制效果不明显。因此考虑选用酸化水玻璃（ASS）、单宁（Tannin）、盐化水玻璃（SSS）作为方解石的抑制剂，结果如图 6-8（a）可知，酸化水玻璃与盐化水玻璃都能使萤石品位提高，两者之间相比，酸化水玻璃对萤石品位提高的幅度更大，达到 96.13%，方解石去除率也更明显。单宁在 50g/t 时，就能使萤石品位提高到 94%左右，能够达到同酸化水玻璃（400g/t）的效果，随后过量的加入单宁，反而使萤石受到一定的抑制。

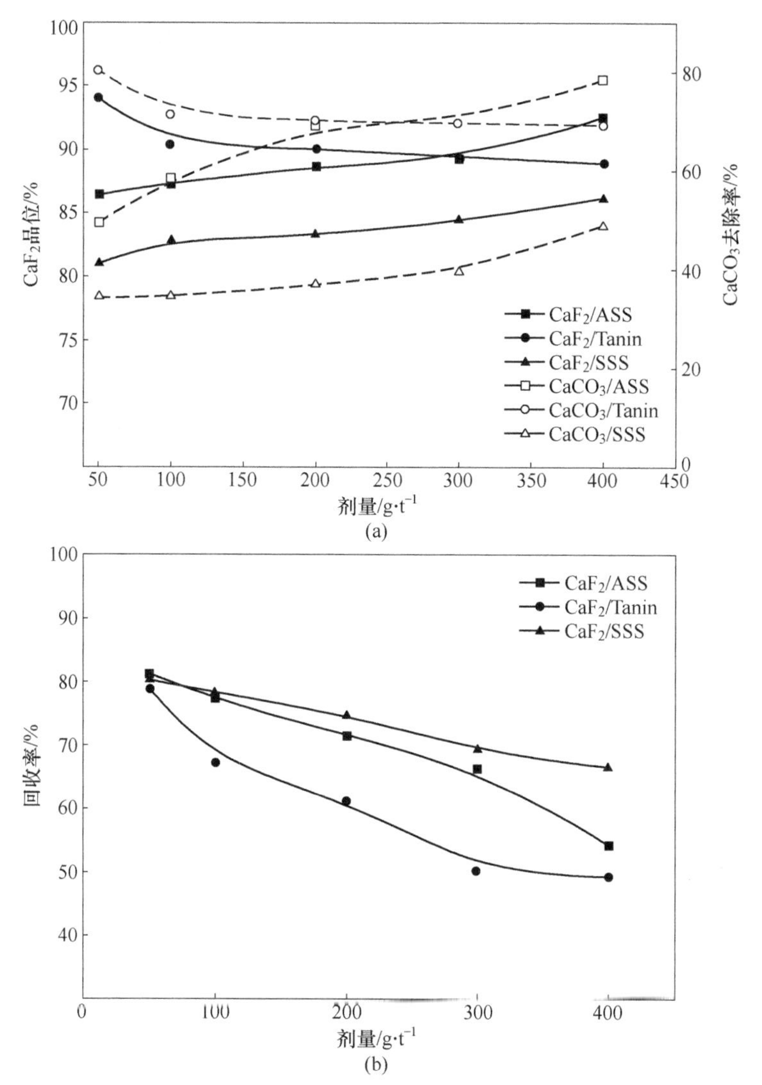

图 6-8 酸化水玻璃、单宁、盐化水玻璃对萤石矿产品品位及方解石去除率（a）和回收率（b）的影响

6.2.3 浮选工艺流程试验

前期大量基础研究与抑制剂的筛选试验，确立了方解石的高效选择抑制剂为单宁酸。由于绢云母的活化夹带上浮，选用糊精作为粗选水玻璃的组合抑制剂，且萤石浮选的流场较长，单独一段条件试验无法验证药剂的具体应用效果。因此首先通过“一粗六精”的简易工艺流程，考察两段抑制剂对萤石浮选的影响。试验原则流程如图 6-9 所示，试验结果见表 6-10~表 6-12。

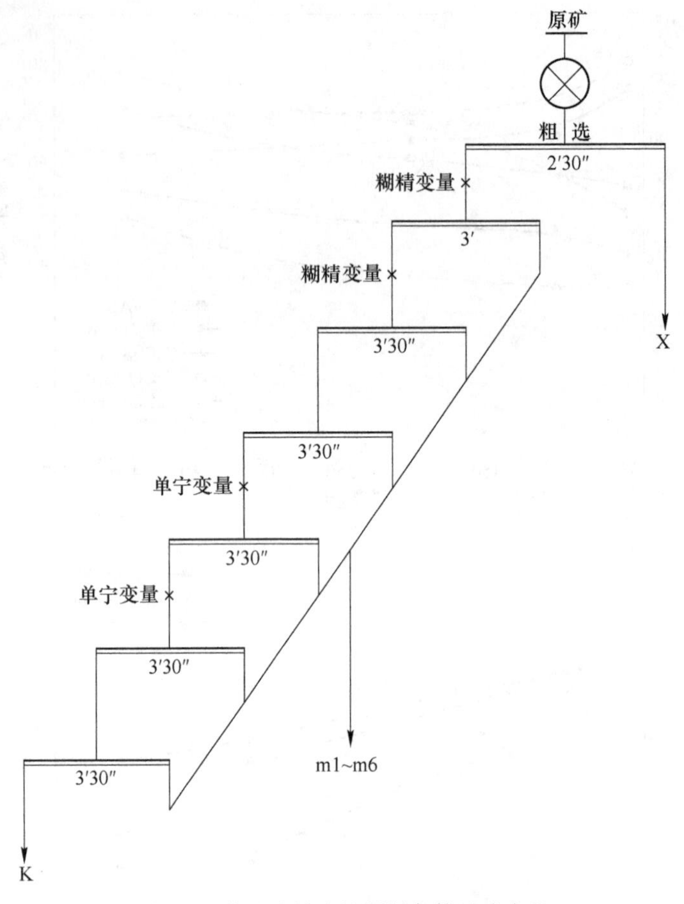

图 6-9　萤石矿精选抑制剂条件试验流程

表 6-10　现场药剂制度开路试验结果

药剂制度	产品名称	产率/%	品位/%		回收率/%	
			CaF_2	$CaCO_3$	CaF_2	$CaCO_3$
粗选：NaOl：300g/t，Na_2CO_3：1kg/t，	X	39.42	10.68	3.61	10.25	15.03
水玻璃：1kg/t	m1	13.21	21.04	8.30	6.77	11.58
精 1：NaOl：100g/t，水玻璃：500g/t，	m2	3.91	31.07	20.92	2.96	12.82
糊精：0	m3	8.51	47.64	32.36	9.87	29.06
精 2：pH=6~7，酸化水玻璃：400g/t	m4	7.09	64.54	24.20	11.14	18.11
精 3：pH=6~7，酸化水玻璃：200g/t	m5	3.46	74.78	16.47	6.29	6.01
精 4：pH=6~7，酸化水玻璃：100g/t	m6	1.94	78.14	12.97	3.68	2.65
精 5~精 6：空白	K	22.48	89.64	3.76	49.05	8.92
	给矿	100.00	41.08	9.47	100.00	100.00

表6-10结果表明，在没有糊精和单宁的条件下，通过现场药剂制度，添加酸性水玻璃能够获得精矿 CaF_2品位为89.64%，回收率仅为49.05%。

表6-11的结果表明，在其他药剂用量不变的情况下，水玻璃无法有效抑制硅酸盐类脉石，尤其对细化绢云母的抑制效果较差，加入新的抑制剂糊精后，从精矿指标中可看到6次精选后精矿 CaF_2品位提高到93.54%，CaF_2 开路回收率为51.94%。说明糊精的抑制效果明显，但是配合酸化水玻璃后，抑制能力过强，导致萤石回收率的提高不明显。

表6-11 糊精添加后开路试验结果

药剂制度	产品名称	产率/%	品位/%		回收率/%	
			CaF_2	$CaCO_3$	CaF_2	$CaCO_3$
粗选：NaOl：300g/t，Na_2CO_3：1kg/t，	X	36.86	5.97	4.15	5.45	15.68
水玻璃：1kg/t	m1	11.18	15.12	9.39	4.18	10.76
精1：NaOl：100g/t，水玻璃：500g/t，	m2	6.05	25.45	26.94	3.81	15.79
糊精：300g/t	m3	10.90	43.45	30.91	11.72	34.52
精2：pH=8，糊精：200g/t	m4	5.09	64.36	19.34	8.11	10.09
精3：pH=6~7，酸化水玻璃：400g/t	m5	7.48	79.88	9.23	14.79	7.07
精4：pH=6~7，酸化水玻璃：300g/t	K	22.44	93.54	2.24	51.94	5.15
精5~精6：空白	给矿	100.00	40.41	9.76	100.00	100.00

表6-12的结果表明，延续上一个条件试验，加入糊精与单宁组合使用，两段针对性的抑制绢云母与方解石，同时降低了酸化水玻璃的用量，减少了对萤石的抑制，可看到6次精选后精矿 CaF_2品位可达到92.74%，虽然比糊精与酸化水玻璃的条件下的品位略有降低，但是 CaF_2 回收率提高至63.32%。

表6-12 单宁添加后开路试验结果

药剂制度	产品名称	产率/%	品位/%		回收率/%	
			CaF_2	$CaCO_3$	CaF_2	$CaCO_3$
粗选：NaOl：300g/t，Na_2CO_3：1kg/t，	X	30.24	3.74	2.70	2.62	8.71
水玻璃：1kg/t	m1	13.23	9.65	7.19	2.96	10.15
精1：NaOl：100g/t，水玻璃：500g/t，	m2	6.56	26.56	23.78	4.04	18.60
糊精，300g/t	m3	5.40	51.65	41.11	6.47	23.68
精2：pH=8，糊精：200g/t	m4	6.56	42.78	29.92	6.51	20.95
精3：pH=8，酸化水玻璃：100g/t	m5	5.50	65.55	16.70	8.37	9.81
精4：pH=6~7，酸化单宁：50g/t	m6	3.07	79.88	9.23	5.69	3.02
精5：pH=6~7，酸化单宁：20g/t	K	29.43	92.74	2.24	63.32	7.03
精6：空白	给矿	100.00	43.10	9.37	100.00	100.00

6.2.4　闭路试验

由于较长闭路流程不仅难以获得合格精矿，而且会使中矿中大量萤石与云母及碳酸钙连生体不断在流程中累积污染精矿，因此对此类难选萤石矿考虑短流程优先获得较高品位浮选精矿，如果产品不能达到要求，则考虑选择浮选加酸浸的新工艺。

闭路实验流程如图6-10所示，试验结果见表6-13。可见，整个流程中，有效提高萤石回收率的同时，精矿 CaF_2 品位会降低。为了在闭路流程中得到较高品位的萤石精矿，考虑在精选阶段加入单宁的同时加入少量的硫酸，试验结果证明，作业回收率出现一定程度的下降。但最优精矿 CaF_2 品位为90.13%，$CaCO_3$ 为3.68%，总钙量可达到93.81%，作业回收率为79.03%。

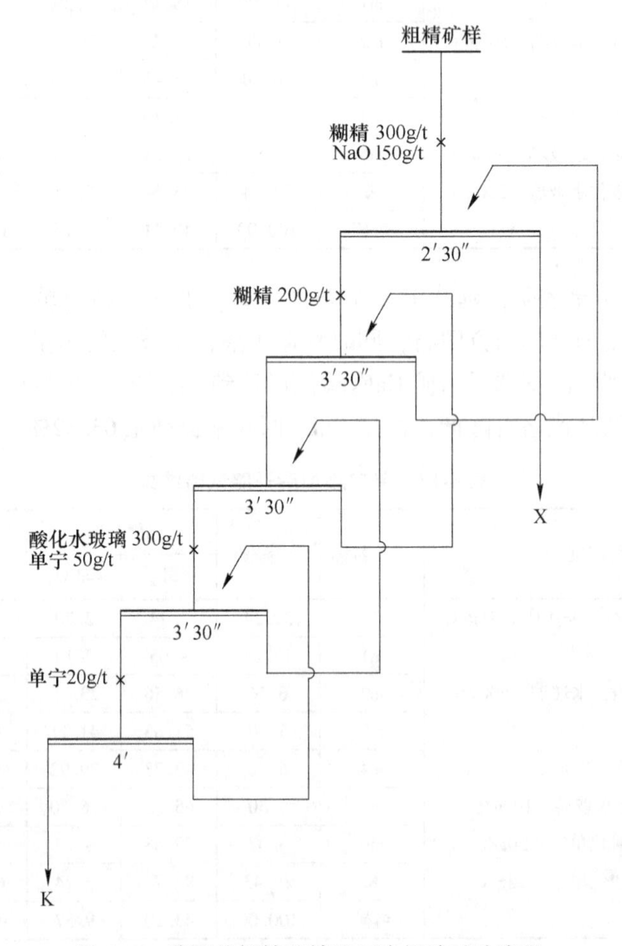

图6-10　萤石矿粗精矿精选五次闭路试验流程

表 6-13 粗精精选 5 次闭路试验结果 (%)

产品名称	产率	品位		回收率	
		CaF_2	$CaCO_3$	CaF_2	$CaCO_3$
无酸-K	63.39	89.15	4.10	82.83	39.98
无酸-X	36.61	32.00	10.66	17.17	60.02
给矿	100	68.23	6.50	100	100
有硫酸（50g/t)-K	59.20	90.13	3.68	79.03	33.96
有硫酸（50g/t)-X	40.80	34.70	10.37	20.97	66.04
给矿	100	67.51	6.41	100	100

6.3 界牌岭萤石矿浮选中试试验

6.3.1 浮选阶段

由于矿石性质问题，通过简单的浮选工艺很难获得合格的化工级产品，初步决定采用浮选加化学选矿联合工艺。浮选阶段目标为：化工级产品 CaF_2回收率70%；CaF_2品位 88%以上，精矿中总钙（萤石与方解石）含量 93%左右。根据企业要求及试验结果暂定以下两种浮选试验方案。

试验方案一：由于现场考虑磨矿带来的功耗大，尝试粗磨优先浮选—中矿再磨浮选工艺，原矿磨至小于 0.074nm（325 目）的占 70%左右，优先浮选出单体解离的萤石，中矿再磨后单独处理。该方案的目的可降低磨矿能耗，避免过磨泥化。实验流程如图 6-11 所示，中矿选别产物中难解离矿物需要再磨再选确定工艺技术路线。

试验方案二：将原矿磨至小于 0.074mm（325 目）的占 85%左右，通过简单流程获得合格精矿产品。该方案优点是流程简单便于操作，但同时存在磨矿能耗高、细粒级捕收难等问题。试验流程如图 6-12 所示。

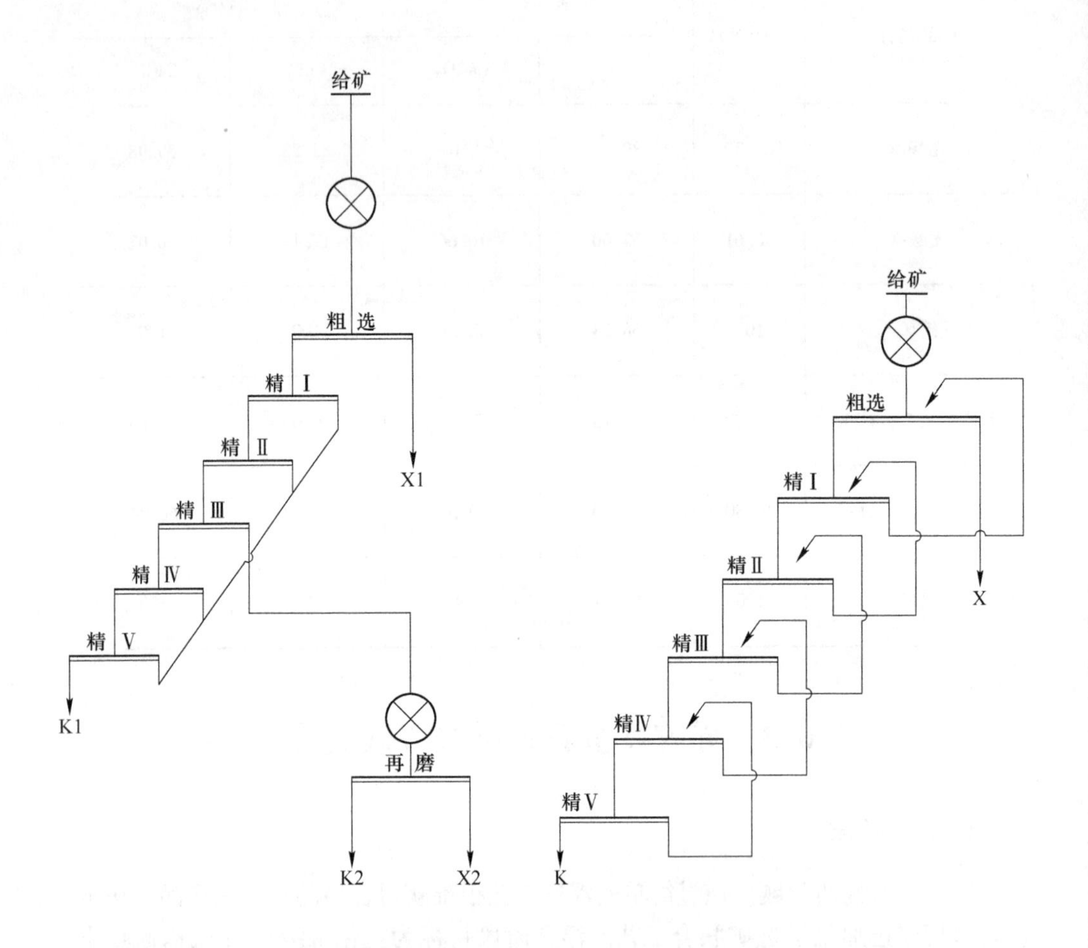

图 6-11　方案一开路试验工艺流程　　　图 6-12　方案二试验工艺流程

6.3.2　细粒原矿中试浮选试验

通过一段时间的再磨粗精条件调整试验，最终考虑方案二，即通过“一粗二扫六精”的浮选流程工艺方案。给矿粒度在小于 0.074mm 的占（325 目）85%左右，矿浆浓度为 20%~30%，萤石品位为 42%~47%，方解石品位为 0.5%~4%。试验结果见表 6-14，试验工艺流程图及现场实际一览如图 6-13 和图 6-14 所示。

表 6-14 原矿中试试验指标

时间	产品	品位/%		产率/%	作业回收率/%
		CaF_2	$CaCO_3$		
12月9日早班	R	45.30	2.12	32.30	65.01
	K	91.19	2.12		
	X	23.41	1.30		
12月9日晚班	R	44.75	2.01	37.95	74.42
	K	87.75	3.30		
	X	18.45	1.72		
12月10日晚班	R	38.50	2.37	25.12	58.90
	K	90.28	2.44		
	X	21.13	2.44		
12月11日晚班	R	46.37	2.37	34.45	68.22
	K	91.82	2.44		
	X	22.48	2.44		
12月12日中班	R	43.27	2.15	23.76	47.67
	K	86.82	3.73		
	X	29.70	2.01		
12月12日晚班	R	46.33	1.58	38.01	75.23
	K	91.71	1.86		
	X	18.51	1.86		
12月13日早班	R	47.40	2.15	36.72	70.76
	K	91.35	3.01		
	X	21.90	1.72		
12月13日中班	R	43.68	2.30	35.16	74.23
	K	92.22	2.15		
	X	17.36	2.58		
12月13日晚班	R	45.37	4.31	35.82	71.38
	K	90.42	4.61		
	X	20.23	2.83		
稳定平均值	R	45.70	2.59	36.43	72.88
	K	91.43	2.90		
	X	19.49	2.41		

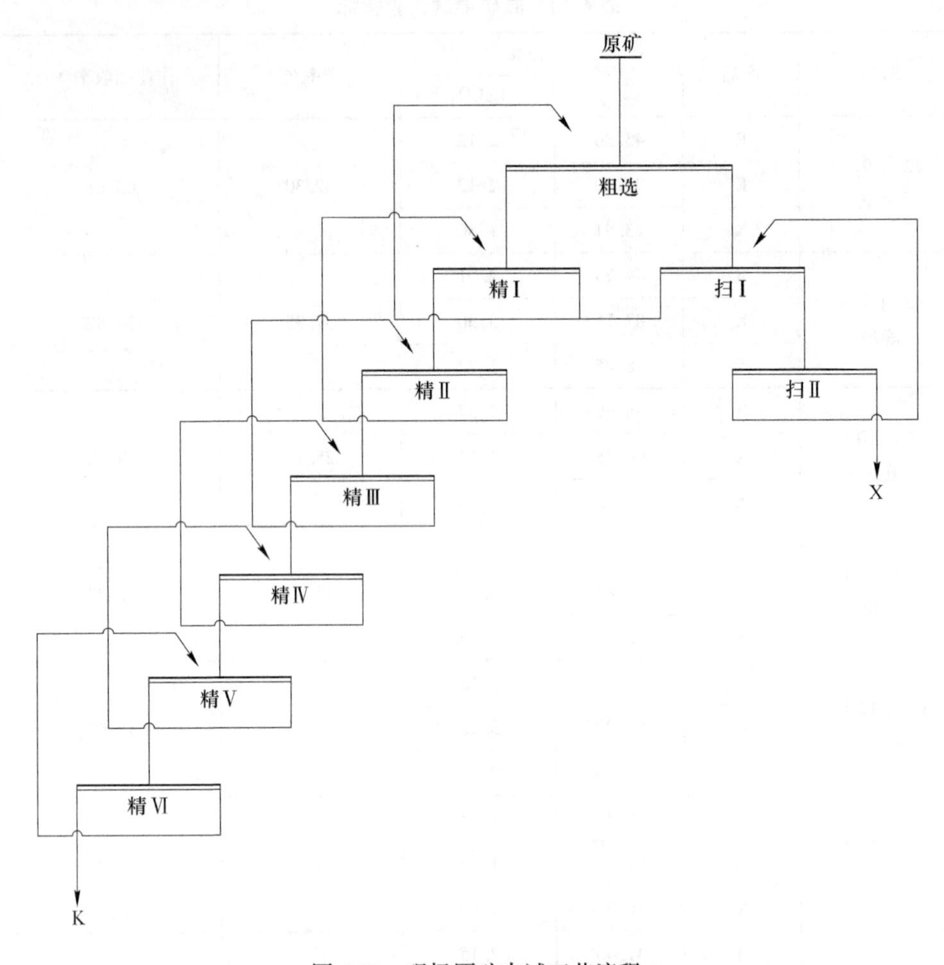

图 6-13　现场原矿中试工艺流程

图 6-14　中试现场一览图

由表6-14的结果可知，统计得现场12月9~13日的化工级产品平均品位约为91.43%，该产品平均的理论回收率为72.88%。

由表6-15可知，通过分析细粒原矿试验研究的结果，三天未间断连续运行，作业回收率平均为72.88%，浮选精矿总钙大于93%，整体指标达到中试预定目标。现场该时间段化工级萤石产品平均理论回收率仅为56.06%。因此中试试验结果可得，化工级萤石产品回收率同比现场提高16.82%，冶金级产品由于条件限制未能选别获得，最终化工级回收率达到预期目标，最终的数质量流程如图6-15所示。

表6-15 原矿中试综合指标 (%)

产品名称	产率	品位		回收率	
		CaF_2	$CaCO_3$	CaF_2	$CaCO_3$
精矿	36.43	91.43	2.90	72.89	40.79
尾矿	63.57	19.49	2.41	27.11	59.21
合计	100.00	45.70	2.59	100.00	100.00

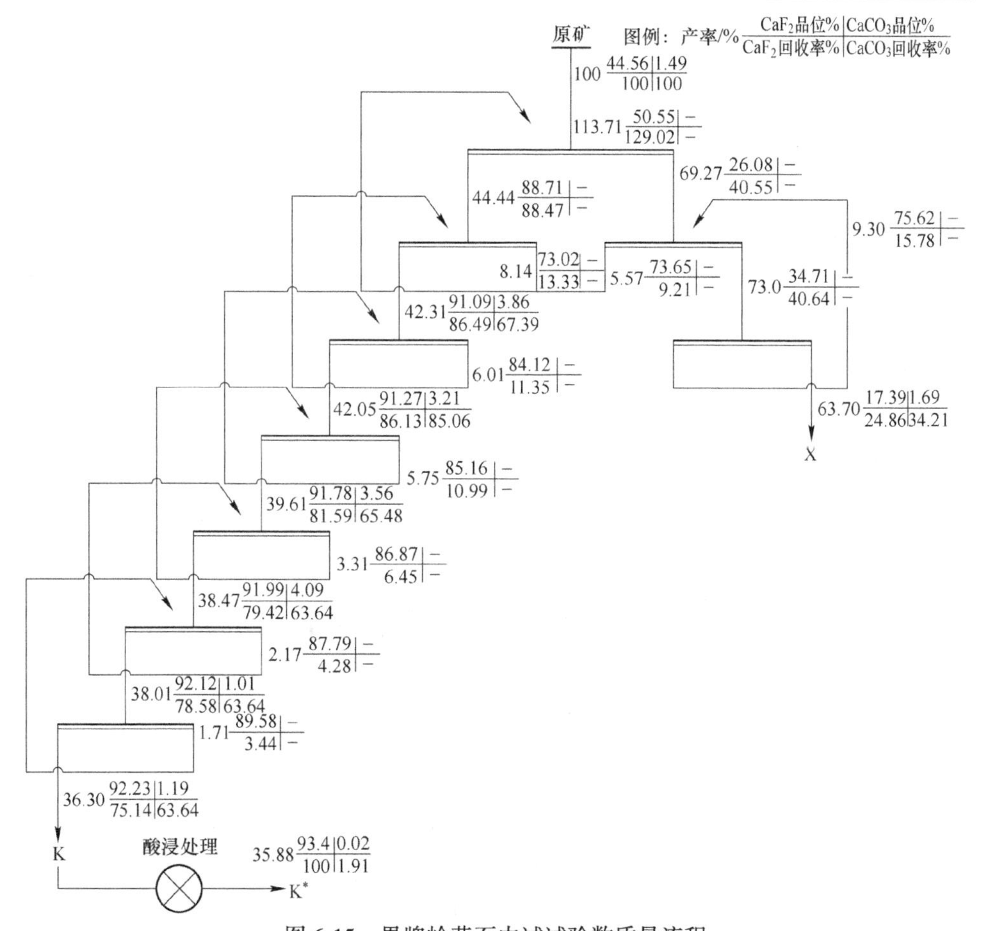

图6-15 界牌岭萤石中试试验数质量流程

6.3.3　萤石浮选精矿中试酸浸部分

由于矿石性质问题，为了保证回收率，将 CaF_2 品位 88%以上的精矿进行酸浸处理。浮选精矿进入斜板浓密箱（型号 FNXG-10，单台处理能力 20t/d）浓缩至 45%，最后进入酸浸搅拌桶酸泡处理，得到品位大于 93%的化工级产品。其中尾矿直接排放至尾矿库。

实际中试线处理能力在 25t/d 的基础上，选取原矿在 CaF_2 品位为 45%、$CaCO_3$ 品位为 2%左右、浓度为 22%左右，浮选精矿总回收率在 70%以上，浮选精矿总干重约 660kg，精矿浓度为 45%，最后在半径 1.5m 左右的酸浸搅拌桶中试验处理，本次试验无机酸选择盐酸作为浸泡液，现场工业盐酸的浓度为 31%。试验结果见表 6-16。

表 6-16　中试酸浸试验结果

编　号	1	2	3	4	5	6	酸浸原矿
终点 pH 值	7	7	7	7	6	4	
耗酸量/kg	5	7	9	11	13	15	
萤石/%	92.95	93.04	92.99	92.67	93.29	93.41	92.48
碳酸钙/%	0.44	0.58	0.36	0.12	0.04	0	1.02

可以看出，随着盐酸的不断加入，通过设置 pH 值为酸浸终点是可行的。在 pH 值到 4 时，碳酸钙已完全反应。酸浸产品萤石品位达到 93.41%。中试试验与实验室小试结果吻合，当 pH 值为 6 时，方解石含量已较低，也可产出合格精矿。最后试验计算后可知，每吨精矿中 1%的碳酸钙耗酸量为 22.7kg。因此扩大化酸浸试验结果表明，优化控制浸出条件，能够有效将浮选精矿中的碳酸钙完全浸出。

6.4　现场浮选工艺技术改造与工业试验

6.4.1　旧浮选工艺流程及药剂制度

由图 6-16 可知，原有的浮选工艺非常复杂，三段萤石浮选，分为 2、3、4 三个系列，选别后获得两类萤石产品，一类化工级萤石粉，一类冶金级萤石粉。由于萤石整个浮选工艺流程长，导致药剂用量大，其中包括矿浆浓度，pH 值等难以控制的问题，因此对原有工艺的改造和新药剂制度的工业应用刻不容缓。

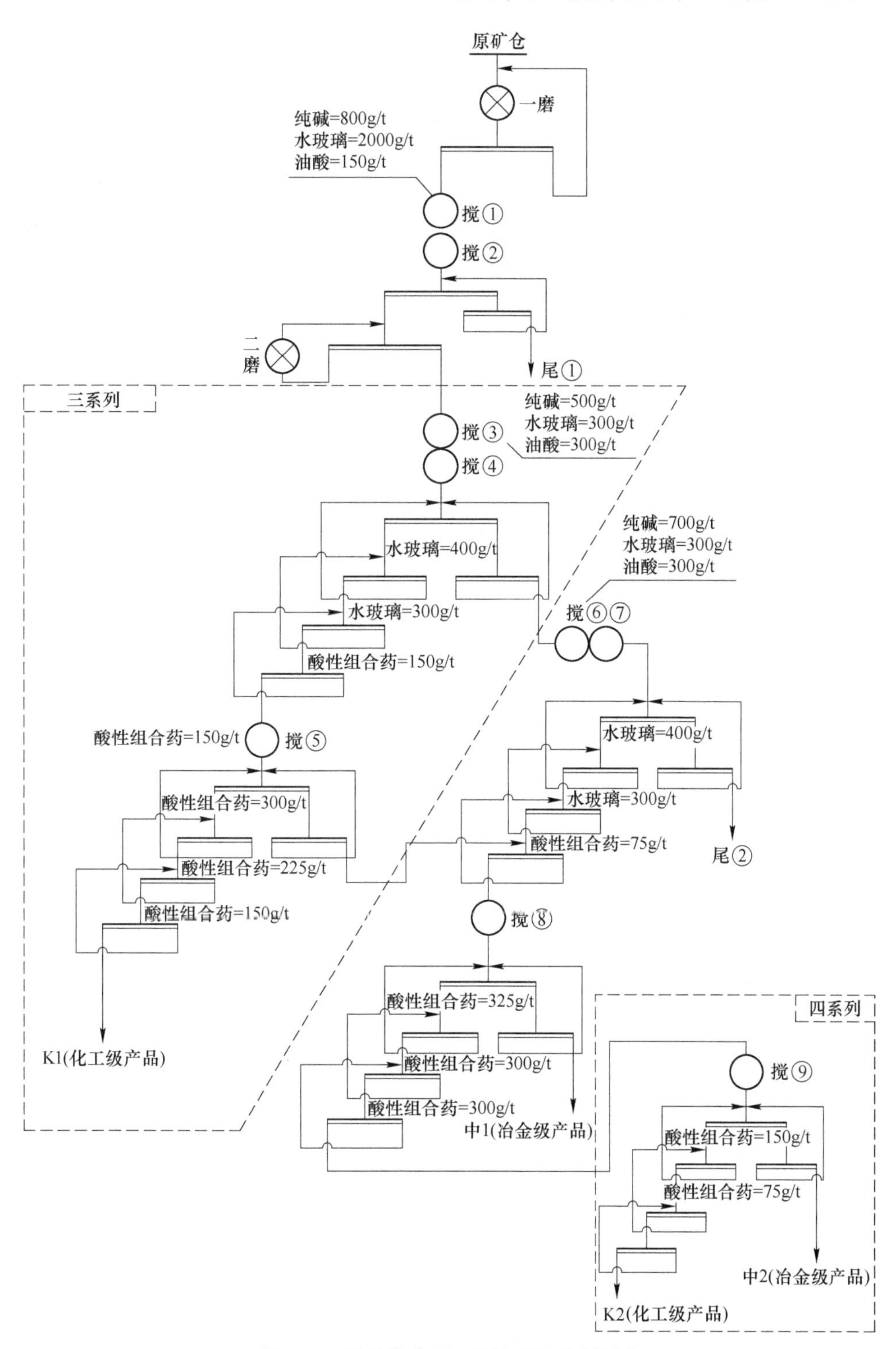

图 6-16 界牌岭萤石工艺流程与药剂制度

6.4.1.1 选矿工艺流程技术改造

工业试验是在湖南某界牌岭选厂进行的，该选厂处理能力为2000t/d，技改前2系列和3系列的选矿工艺流程及药剂制度如图6-17所示，技改后2系列和3系列的选矿工艺流程及药剂制度如图6-18所示。由于现场企业要着重对比新工艺的选别效果，因此2系列保持老工艺与相近的药剂制度，3系列作为工业试验的流程线。两个系列给矿相同，流程相似。现场能够及时通过选别指标判断工艺流程的合理性与药剂制度的适用性。

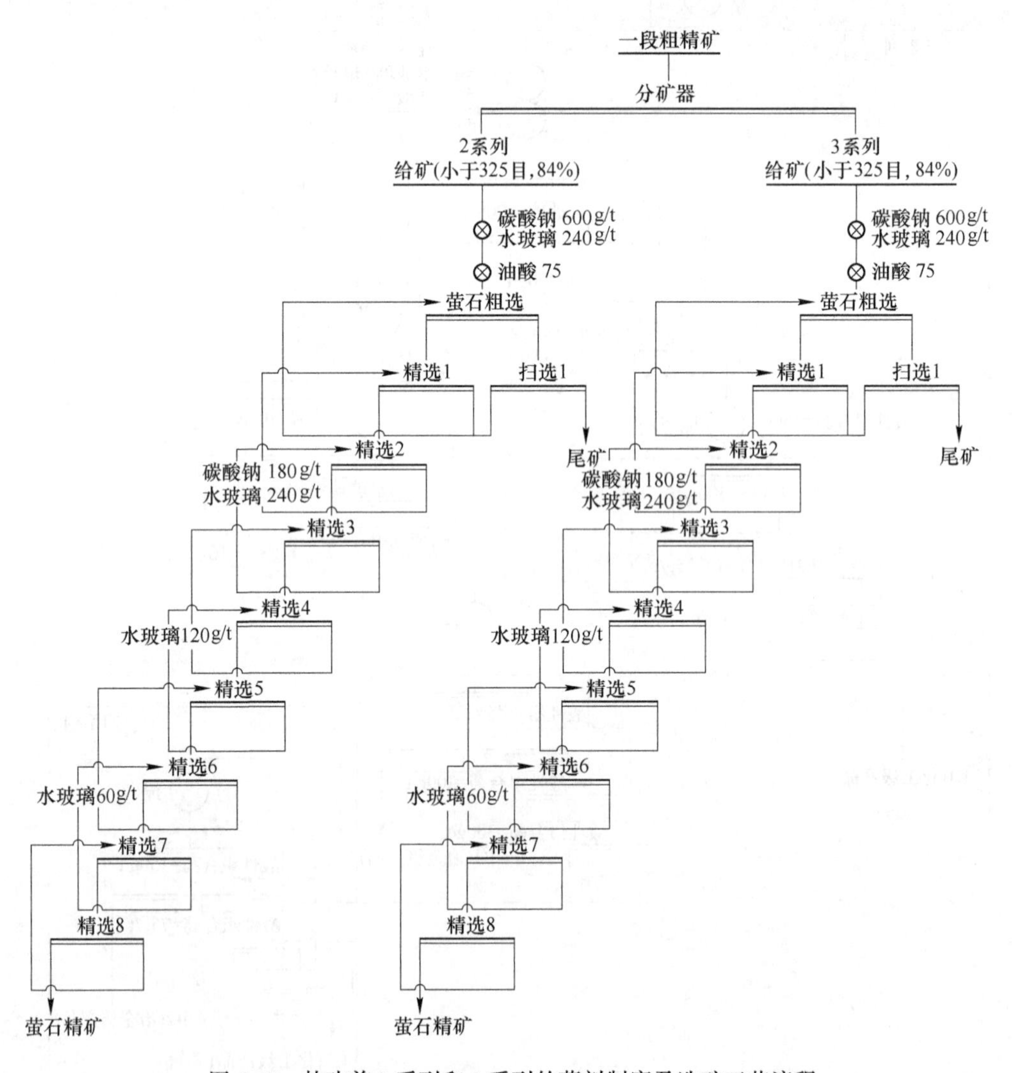

图6-17 技改前2系列和3系列的药剂制度及选矿工艺流程

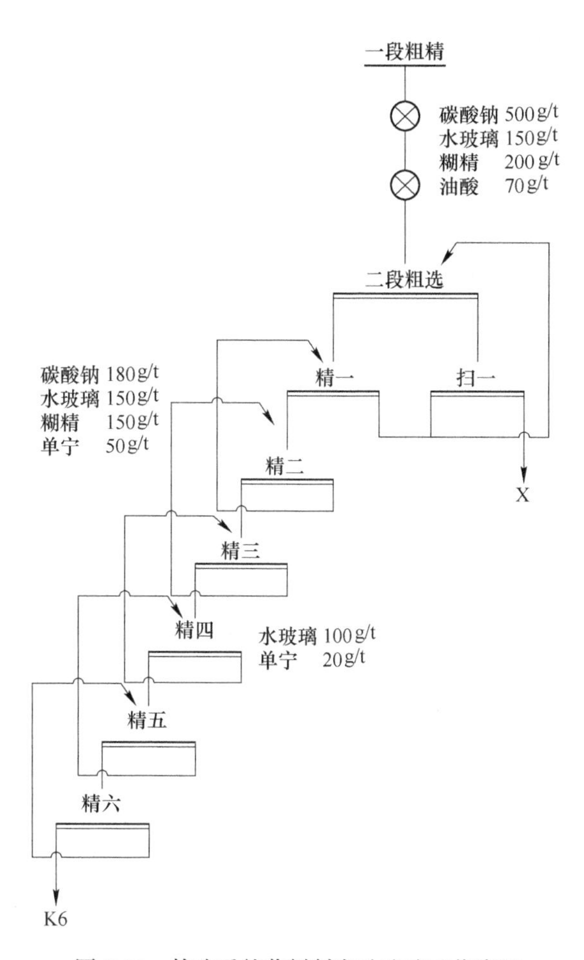

图 6-18 技改后的药剂制度及选矿工艺流程

6.4.1.2 技术改造工业试验结果

首先缩短工艺流程并调试 2 系列保持原有 8 次精选流程，而 3 系列为短工艺的 6 次精选流程。尽管工业试验期间矿石性质 2 系列、3 系列给矿量波动较大，因此选矿指标也有些波动。2016 年 3 月 15~17 日 8 个班技术改造工业试验结果见表 6-17，工业试验累计指标见表 6-18。

针对 3 月 15~17 日 8 个班次，2 系列和 3 系列的萤石精矿品位对比曲线如图 6-19 所示，2 系列和 3 系列的萤石尾矿品位对比曲线如图 6-20 所示，2 系列和 3 系列的萤石精矿回收率对比曲线如图 6-21 所示。

表 6-17　3 月 15~17 日 8 个班次技术改造工业试验结果

日期	班次	系列	精矿品位/%			尾矿品位/%			给矿品位/%			精矿产率,%	精矿回收率/%		
			CaF_2	$CaCO_3$	SiO_2	CaF_2	$CaCO_3$	SiO_2	CaF_2	$CaCO_3$	SiO_2		CaF_2	$CaCO_3$	SiO_2
2016-03-15	早班	2	87.93	3.91		51.91	4.57		71.93	4.40		55.59	67.95		
		3	81.18	3.43		23.40	2.94		71.93	4.40		84.00	94.79		
	中班	2	86.93	4.89		53.35	5.87		71.08	5.30		52.80	64.57		
		3	87.17	4.73		40.99	3.75		71.08	5.30		65.16	79.91		
	晚班	2	86.96	4.40		53.20	6.36		68.74	5.71		46.02	58.22		
		3	86.11	4.89		42.54	5.06		68.74	5.71		60.13	75.32		
2016-03-16	早班	2	89.88	4.06		58.58	7.07		72.20	5.82		43.53	54.18		
		3	89.45	3.46		55.76	8.12		72.20	5.82		48.81	60.47		
	中班	2	89.00	3.91		58.91	5.11		73.51	4.14		48.53	58.76		
		3	88.63	3.61		53.26	6.47		73.51	4.14		57.26	69.04		
	晚班	2	90.38	3.16		58.77	3.76		73.66	3.86		47.12	57.81		
		3	90.50	3.01		53.23	4.96		73.66	3.86		54.83	67.36		
2016-03-17	早班	2	91.03	3.61		61.67	5.41		72.76	5.01		37.78	47.27		
		3	90.38	3.16		55.54	6.62		72.76	5.01		49.44	61.40		
	中班	2	90.50	3.01		61.31	3.31		74.60	3.01		45.52	55.22		
		3	91.13	2.71		56.57	3.76		74.60	3.01		52.16	63.72		

表 6-18 3 月 15~17 日 7 个班次技术改造工业试验累计指标

系列	产品名称	产率/%	品位/%		回收率/%	
			CaF_2	$CaCO_3$	CaF_2	$CaCO_3$
2 系列	精矿	46.04	89.24	3.86	56.77	37.90
	尾矿	53.96	57.97	5.27	43.23	62.10
	给矿	100.00	72.37	4.69	100.00	100.00
3 系列	精矿	56.00	89.05	3.65	68.91	43.59
	尾矿	44.00	51.13	5.53	31.09	56.41
	给矿	100.00	72.37	4.69	100.00	100.00

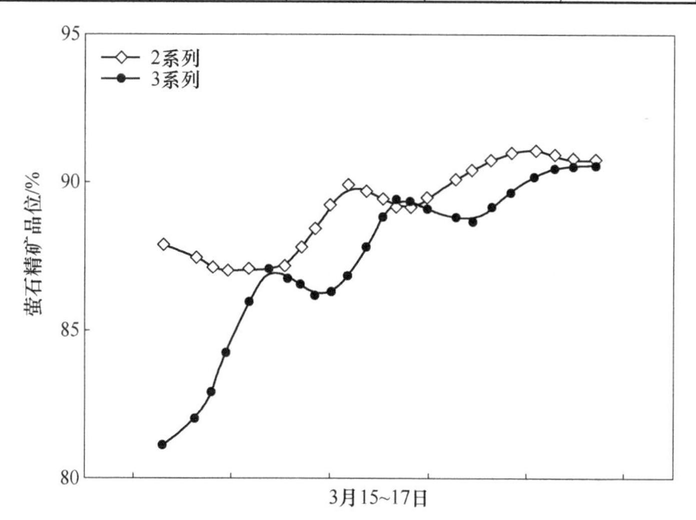

图 6-19 2 系列和 3 系列的萤石精矿品位对比曲线

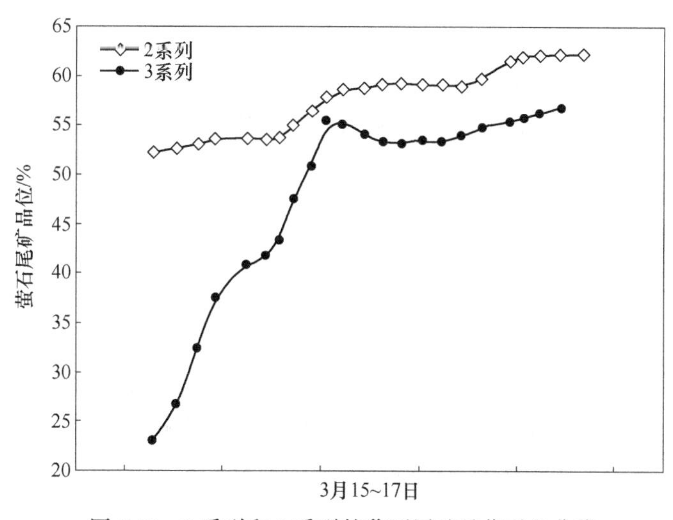

图 6-20 2 系列和 3 系列的萤石尾矿品位对比曲线

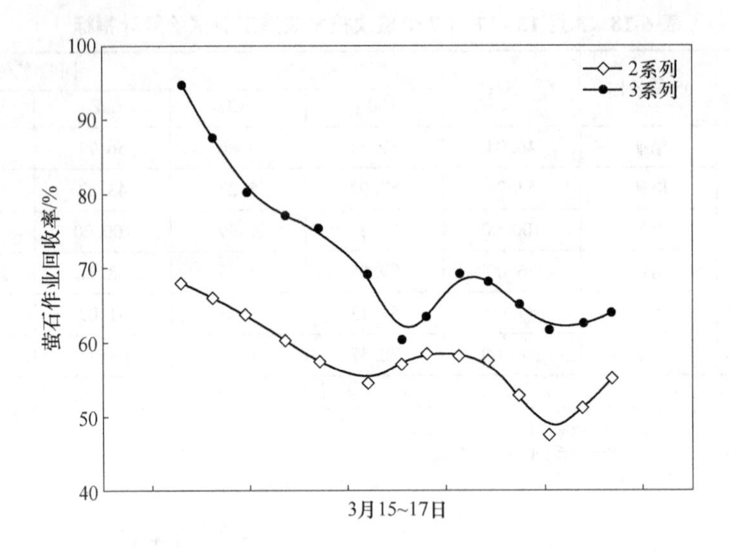

图 6-21 2 系列和 3 系列的萤石精矿回收率对比曲线

由图 6-19 看出，新的短工艺流程在刚开始调试期间，3 系列的萤石精矿品位大幅度低于 2 系列。这主要是精选流程缩短的原因，但是随着浮选时间增加，整个流程浮选返回中矿逐渐趋于稳定，发现 3 系列的精矿品位仅仅略低于 2 系列，说明两次精选段的减少，从品位上看变化幅度不会太大。

由图 6-20 看出，流程改变的初期，由于 3 系列尾矿品位大幅下降，这与精矿品位下降的原因相同。这会导致 3 系列的作业回收率提高，随着 3 系列流程缩短且稳定后，萤石尾矿品位普遍低于 2 系列。

从图 6-21 可知，2 系列与 3 系列的作业回收率与图 6-20 的尾矿指标结果相吻合。从 3 月 15～17 日运行结果来看，2 系列 K8 萤石品位和 3 系列 K6 萤石品位差距较小，但其回收率远远低于 3 系列，进一步验证了选矿工艺技术改造，缩短流程对整个二段精矿产品萤石品位影响不大，却能够极大的提高精矿产品萤石的回收率，平均为 15%左右。

6.4.2 浮选药剂制度调整对选矿产品指标的影响

6.4.2.1 糊精加药点和加药量试验

在旧工艺流程（见图 6-22）的基础上，通过药剂条件试验和调试结果分析，探索最符合目前现场情况的浮选药剂制度，同时验证糊精此类药剂在现场生产中所起到的效果。通过不同的药剂用量、不同加药点，考察各糊精用量下的浮选指标（见图 6-23）。

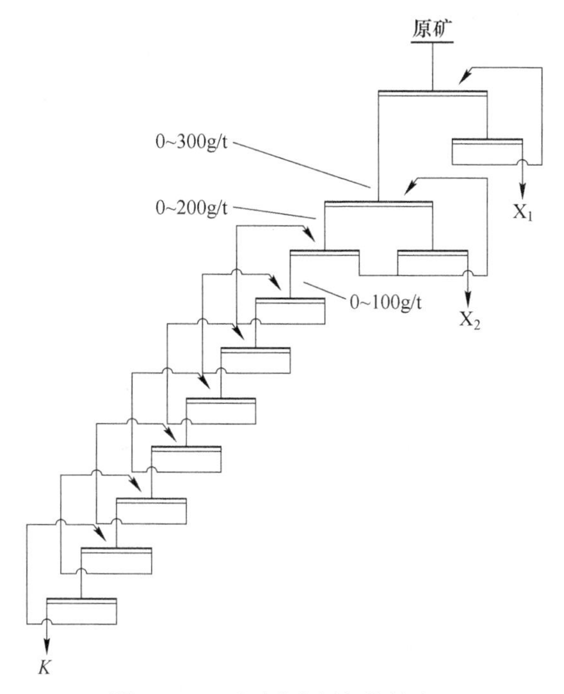

图 6-22 3 系列稳定添加糊精流程

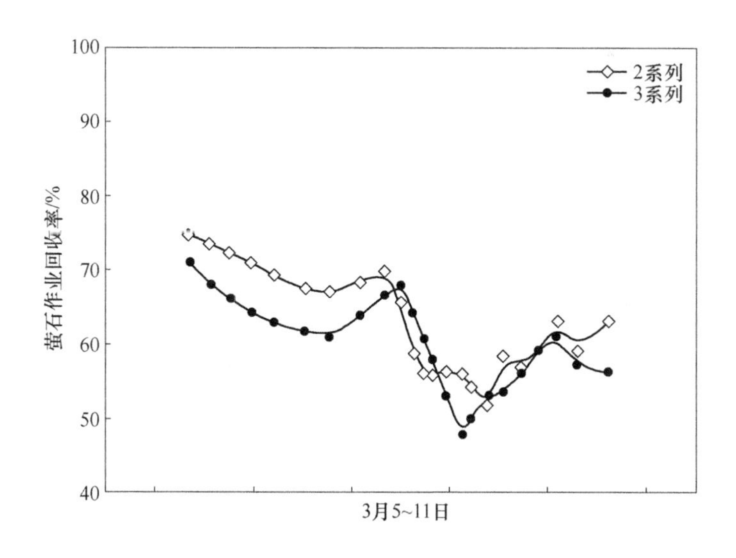

图 6-23 2 系列和 3 系列作业回收率对比

如图 6-23 所示，在浮选流程稳定的前提条件下，从 3 月 5 日晚~11 日晚连续班次的指标比较，加入糊精抑制剂后，3 系列萤石精矿的理论回收率稍稍低于 2

系列。这与纯矿物的试验结果一致，说明糊精对萤石浮选产生一定抑制的作用。

如图6-24所示，在流程稳定的前提条件下，从3月5日晚~13日晚连续班次的萤石精矿指标比较，加入糊精抑制剂后，3系列精矿品位略优于2系列。

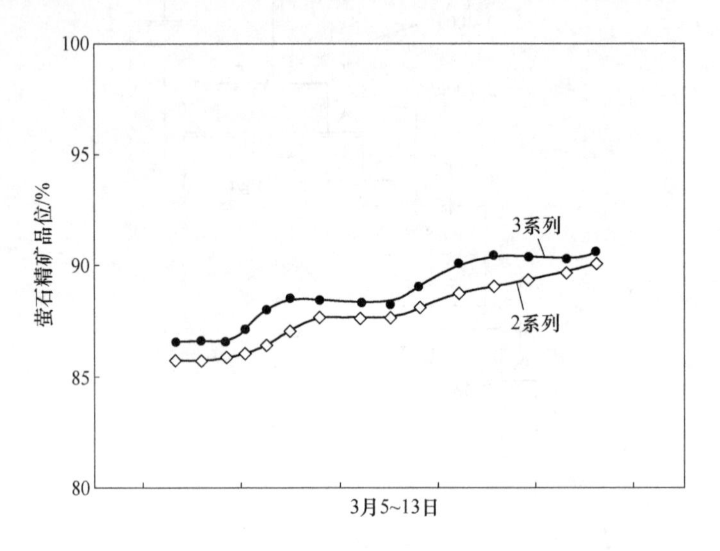

图6-24　2系列和3系列精矿品位对比

图6-25所示为连续班次精矿硅含量图，可见，从3月5~13日，精矿粉中二氧化硅含量在逐步降低。

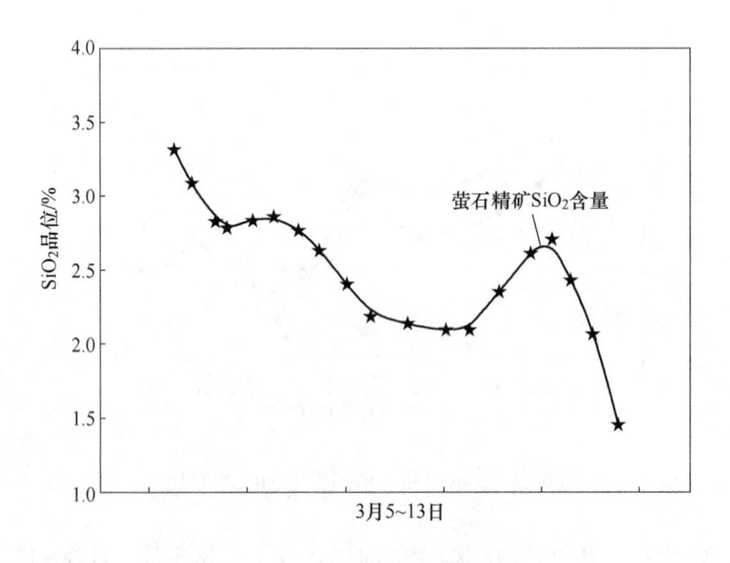

图6-25　连续班次精矿硅含量

图 6-23~图 6-25 表明，糊精作为辅助抑制剂对整体精矿指标提高较小，现有的流程中糊精的加入会导致产品回收率有一定程度的下降，但是糊精的添加能够有效抑制硅酸盐。

6.4.2.2 单宁加药点和加药量试验

在现场 2 系列和 3 系列“一粗一扫六精”新工艺流程的基础上，从短工艺流程与两段抑制的新思路上考察不同条件下的浮选指标，前段选取糊精抑制剂脱硅，后段选取高效抑制剂单宁抑制含钙杂质，流程图如图 6-26 所示。

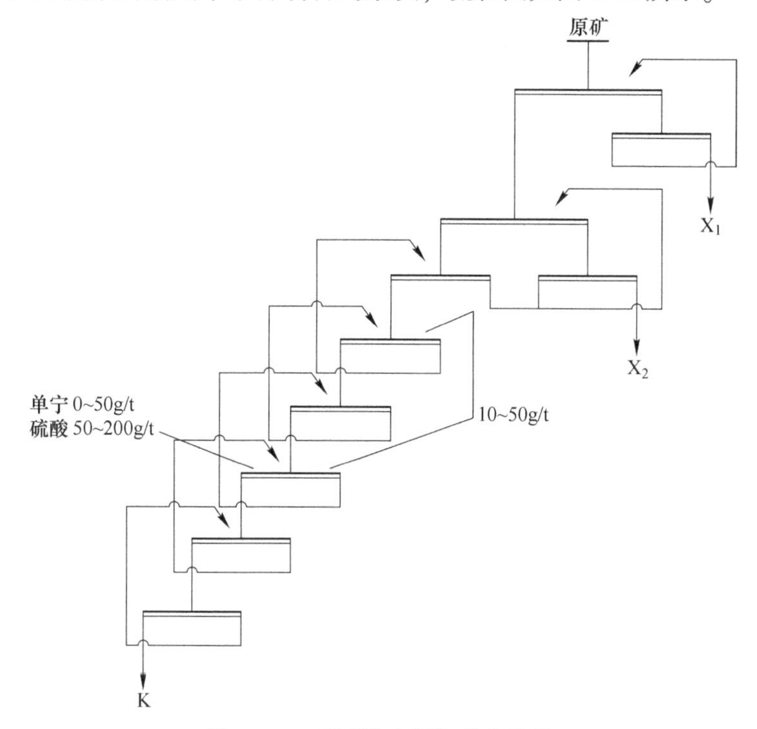

图 6-26 3 系列稳定添加单宁流程

从 3 月 17 日综合试样的结果中可清晰看到（见表 6-19），通过 3 系列单宁的添加，3 系列精矿品位稍高于 2 系列精矿，尾矿中 $CaCO_3$ 明显富集，当天加入就使指标发生明显改变，以此证明单宁抑制效果显著。

表 6-19 2016 年 3 月 15 日的综合样结果

作业名称	精矿品位/%		尾矿品位/%	
	CaF_2	$CaCO_3$	CaF_2	$CaCO_3$
2 系列	90.50	3.01	61.31	3.31
3 系列	91.13	2.71	56.57	3.76

从图 6-27 中可看出，从 3 月 15 日早班～20 日早班的综合样显示，3 系列精矿品位与 2 系列精矿波动趋势基本相同，但随着原矿的碳酸钙杂质逐渐增高，2 系列精矿品位下滑的幅度远大于 3 系列精矿。即使在选别指标波动较大的情况下，3 系列的萤石精矿品位仍然高于 2 系列，再次验证单宁在难选萤石的选别中抑制碳酸钙效果显著。

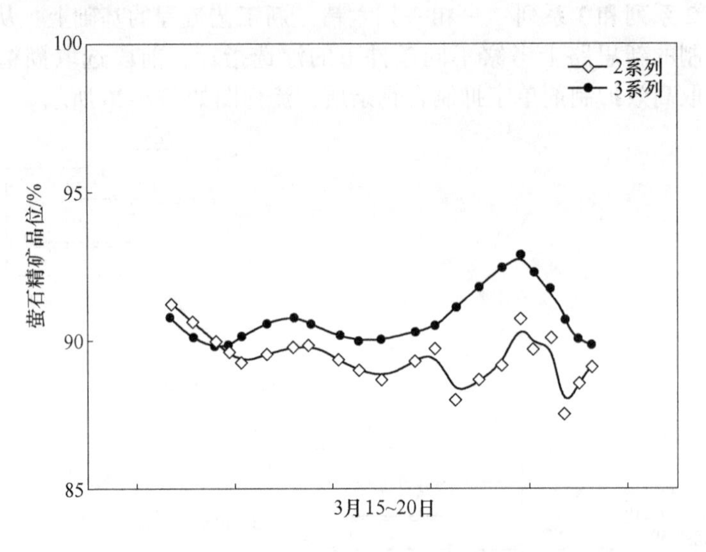

图 6-27 2 系列和 3 系列精矿品位对比

图 6-28 表明，从 3 月 15 日早班～20 日早班的综合样显示，3 系列尾矿

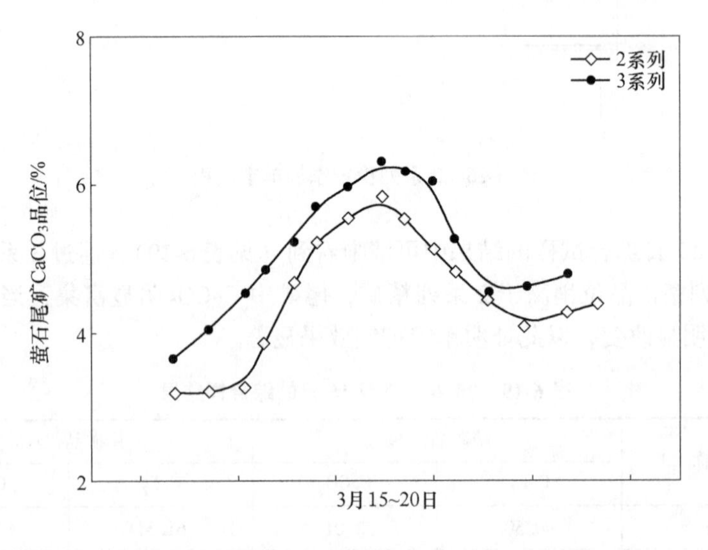

图 6-28 2 系列和 3 系列尾矿 $CaCO_3$ 含量对比

中碳酸钙杂质普遍高于2系列。3月18日晚班~19日中班，在原矿的碳酸钙较高情况下，3系列尾矿碳酸钙富集现象明显，说明单宁在难选萤石的选别中对碳酸钙的抑制效果明显。

6.4.2.3 糊精与单宁组合药剂调试

现场2系列和3系列工艺全部整改为“一粗一扫六精”的新工艺流程，且糊精与单宁组合抑制剂的加药点已确定。因此后续调试以稳定生产为主，通过试验药剂用量组合调整，探索出界牌岭难选萤石矿最佳浮选药剂制度。由于过去原矿中 $CaCO_3$杂质经常变化，导致现场生产指标经常波动，考察组合抑制剂的加入对 $CaCO_3$杂质变化的适应性，结果如图6-29所示。

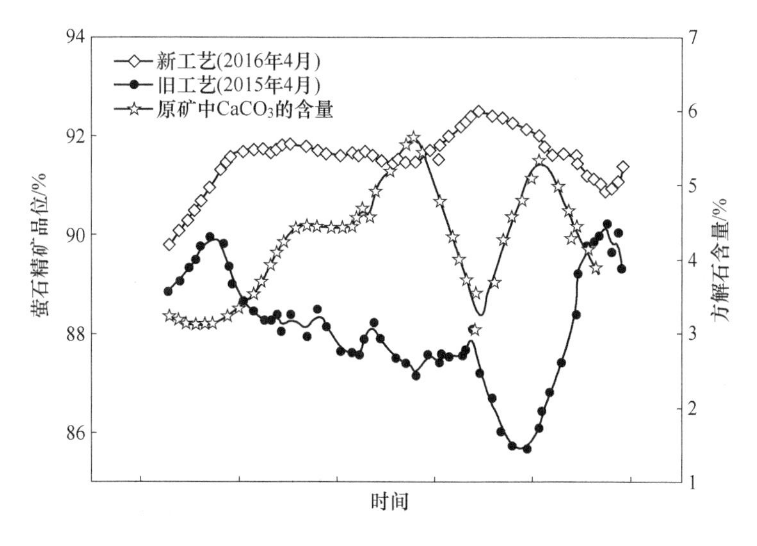

图6-29 新工艺与老工艺的指标对比与原矿 $CaCO_3$含量关系

由图6-29可知，对比2015年4月的老工艺与现场全面整改的2016年4月的新工艺的指标发现，整个2016年的4月的难选萤石原矿抽样指标都普遍高于2015年4月的抽样指标。并且从原矿中 $CaCO_3$ 含量变化趋势来看，随着原矿中 $CaCO_3$含量的增加，2015年4月的精矿指标同步降低，经常出现萤石精矿品位低于90%，生产线无法生产化工级萤石产品，说明旧工艺中难以处理 $CaCO_3$含量高的难选矿。然而，在2016年4月的精矿指标，虽然萤石精矿品位也跟随原矿 $CaCO_3$含量的增加有小幅度的下滑，但是精矿平均指标高于91%以上，生产线能够生产化工级产品。

工业调试期间，精粉含水率出现大幅度的波动，发现水玻璃的减少，以及糊精作为大分子药剂加入，考察验证糊精对精粉脱水过滤所起到的作用，结果如图6-30所示。

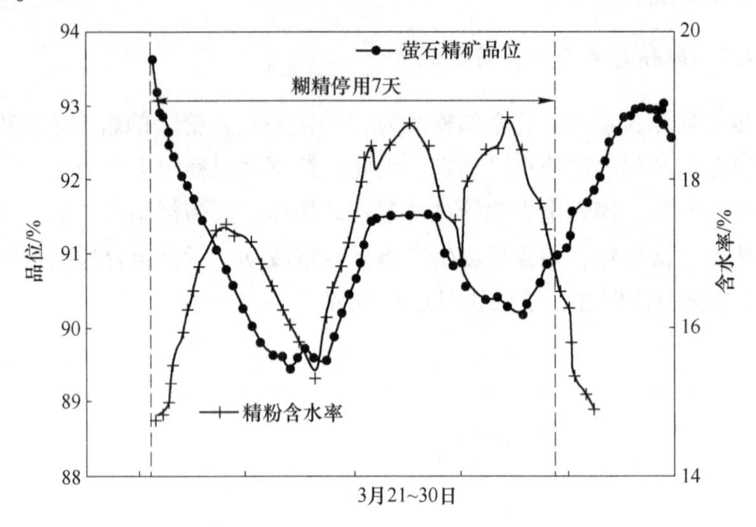

图6-30　停用糊精后精粉含水率变化

由图6-30可知，3月21日中班～30日早班期间二段浮选段未加入糊精，精矿指标出现明显的下滑趋势，但此期间由于少量的水玻璃与单宁存在并起到抑制脉石的作用，精矿CaF_2品位能够保持88%～90%。糊精的停用过程中，现场浮选现象的观察（见表6-20），糊精的添加确实可使浮选中的泡沫黏度有效改善，泡沫更容易分散，可一定程度减少冲洗水，因此通过一段时间对糊精停用，统计发现药后萤石精矿水分含量显著增高。而3月30日后综合指标可得出，糊精在单宁组合恢复使用后，能够有效提高精矿的品位，降低精矿水分。

表6-20　糊精停用后浮选指标一览

时间	原矿品位/%		粗精品位/%		粗精回收率/%		精矿品位（药后）/%		精矿回收率/%		水分/%
	CaF_2	$CaCO_3$	CaF_2	$CaCO_3$	CaF_2	$CaCO_3$	CaF_2	$CaCO_3$	CaF_2	$CaCO_3$	
3月27日中	47.81	3.30	74.45	3.80	86.25	—	91.61	1.60	78.65	—	15.9
3月27日晚	46.85	2.14	76.00	2.98	84.73	—	90.03	2.76	78.65	—	17.95
3月28日早	49.77	1.35	77.52	1.60	88.74	—	88.52	2.04	87.36	—	17.75
3月28日中	49.74	1.50	78.46	1.68	88.66	—	90.89	1.26	80.28	—	16.05
3月28日晚	48.91	1.77	77.68	1.97	85.51	—	90.95	1.45	79.73	—	19.4
3月29日早	47.32	3.15	74.51	3.35	85.93	—	89.91	1.89	80.81	—	17.45

6.4.3 难选高钙萤石精矿酸浸方案与工艺指标

界牌岭萤石矿属于难选萤石矿，磨矿难解离。通过短流程两段抑制的新工艺，仍然无法完全解决其中一部分极难选的萤石原矿。这部分原矿精矿富集比不高。为此提出通过浮选到品位 88%～90%的萤石精粉含碳酸钙 5%以上，再用盐酸浸泡除掉碳酸盐矿物的工艺，可以实现有极高的回收率的同时，解决这部分极难选界萤石矿生产精粉品位达到93%的难题。

通过中试浮选加酸浸验证后，现场拟采用选矿车间一条浮选线实行浮选酸浸工艺中试放大试验。中试放大试验期间，根据与氢氟酸化工厂联动的情况，视碳酸钙的含量采用盐酸或硫酸进行酸浸。

硫酸浸取的优点是：（1）先除掉可溶性的氧化物，避免在制备氢氟酸的时候不生成水，且不会产生腐蚀氟化工设备的情况；（2）硫酸根离子会在尾矿库中与钙镁等离子沉淀，且能净化水质，水回用与浮选不会存在问题；（3）硫酸价格便宜。

缺点是：88%品位的萤石粉不能提高品位；硫酸钙等杂质还会进入下游氟化工，增加氟化工负担。

盐酸浸出的优点在于：将品位在 88%～90%的萤石精粉直接提高到不小于93%以上，并且精粉中不会出现反应副产物。

缺点是：（1）精粉残留的氯离子可能会腐蚀后续工艺设备；（2）盐酸供应紧张，价格较高。

由于下游化工厂有盐酸加工厂，导致价格相对便宜，另外下游氢氟酸的工厂处理量有限制，综合考虑，选用盐酸更合适。

如图 6-31 所示，整个酸浸过程中主要消耗为盐酸及能耗，根据现场统计后结果发现，每吨原矿 1%碳酸钙消耗盐酸在 40kg 左右，每吨精矿电耗 2kW · h 左右，以现在盐酸单价 400 元/t，电能 0.73 元/kW · h 计算，精矿损耗率 5%，则酸浸过程中每吨精矿增加成本 18.5 元。精矿品位从 88%～90%提高到 93%，初步估计每吨销售单价提高 200 元，则每吨精矿价值增加 184.5 元。由于浮选阶段的精矿只需要提高到 88%～90%，由此带来的回收率、药剂单耗等益处无法估算。

为了解决萤石酸浸后废酸废水中含有较多的氯化钙，提供了一种新的处理方案如图 6-32 所示。通过加入浓硫酸后，搅拌均匀充分反应得到混合液，化学反应如下：

$$CaCl_2 + H_2SO_4 = CaSO_4 + 2HCl\uparrow$$

混合液在 90～100℃下蒸发浓缩，气化的 HCl 冷凝为浓盐酸，其中浓盐酸可

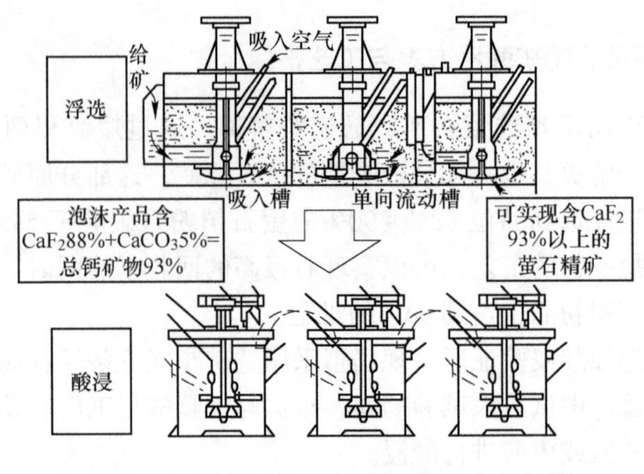

图 6-31　浮选+酸浸示意图

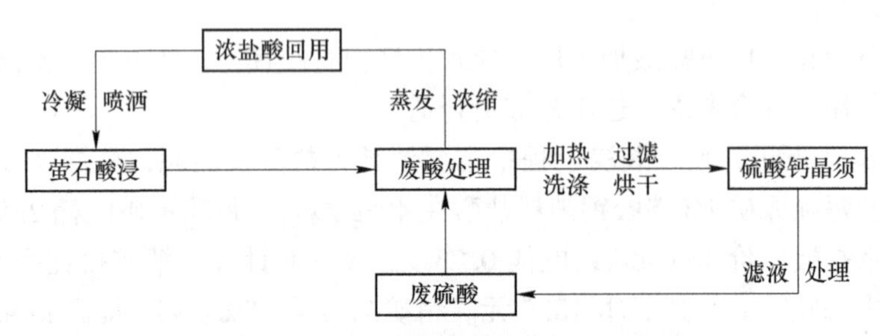

图 6-32　酸浸后废酸废水回用工艺

回用。液态混合物中硫酸钙再加热并添加一定量晶型助长剂，然后冷却陈化形成硫酸钙晶须，过滤、洗涤、烘干得到硫酸钙晶须产品。整个酸浸废酸废水循环回收处理，保证生产化工级的酸级萤石产品同时增加了硫酸钙晶须的副产品，并最大化的合理处理废酸，减少环境污染，极大增加了经济效益和社会效益。即便如此，目前萤石粉的市场和成本（$93\% \leqslant CaF_2 \leqslant 97\%$）仍存在很大的不确定性。主要原因依然是萤石精矿酸化过程中，炉内反应过程中 $CaCO_3$ 消耗了硫酸，同时产生了废量和热能。由于生产成本的增加，这给下游的无水氢氟酸（AHF）制造商造成了负担。在这种情况下，单一浸出是最简单的解决方法。然而生产中萤石精粉的品位波动性较大，部分精粉无法满足酸浸最低要求。因此为了保证后续酸浸工艺的生产稳定性，补充了一种反浮选的工艺技术，其详细研究过程见附录 1。

6.5 技术经济与环境评价

6.5.1 药剂消耗与能耗技术经济分析

在工业实践中，选矿成本与效率分析是最重要的评价标准。因此将旧工艺与新工艺生产期间的萤石选别指标与各种药剂消耗汇总分析。表 6-21 为旧工艺的萤石浮选处理系统与新工艺浮选处理系统实际成本的比较结果。据估计，2016 年 4 月，由于试剂和电力的节约，某选矿厂每天节省了 18458.8 元。

表 6-21 现场老工艺与新工艺的技术经济对比（2000t/d）

药剂	单价/元 · t^{-1}	旧工艺/g · t^{-1}	新工艺/g · t^{-1}	Δ/元 · t^{-1}
油酸钠	10881.27	250	120	-1.4147
水玻璃	494.59	1900	800	-0.5440
糊精	2967.61	—	400	+1.1868
单宁	4945.98	—	50	+0.2476
硫酸	230.51	200	100	-0.0228
电耗	0.59	170/kW · h^{-1}	155/kW · h^{-1}	-8.6823
总计	—	—	—	-9.2294

6.5.2 精矿含水率的提高与分析

萤石精矿含水率是产品考核的最重要的指标之一，归因于精粉中含水高会导致氟化氢（HF）或氟化铝在生产过程中发烟硫酸（105%）消耗。旧工艺产品精粉的水分含量大约 18%，后续再提高脱水率相当困难，主要原因在于大量水玻璃的残留，形成胶状物增加了精粉的黏度，另外还有少部分细颗粒的硅酸盐矿物也会影响过滤工序。通过新工艺的采用，统计结果可知，过滤效率提高了 15%～20%（见图 6-33），滤饼的水分也降低了 5.77%。为了更为直观地展现过滤效率提高的结果，滤饼测定结果如图 6-34 所示。进一步证明大分子抑制剂的使用，提高了整个过滤系统的效率。

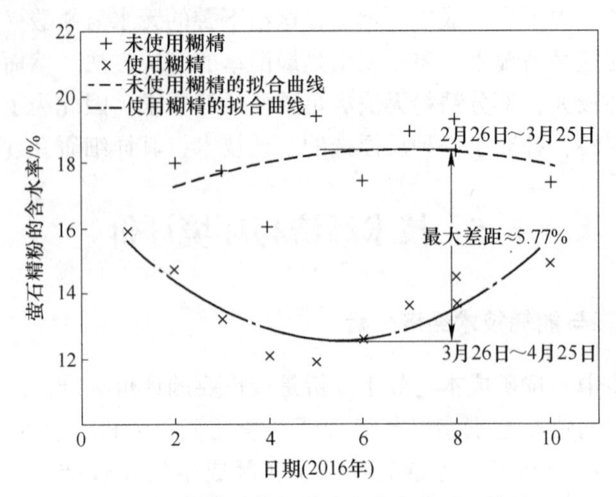

图 6-33　糊精对萤石精矿含水率的对比统计

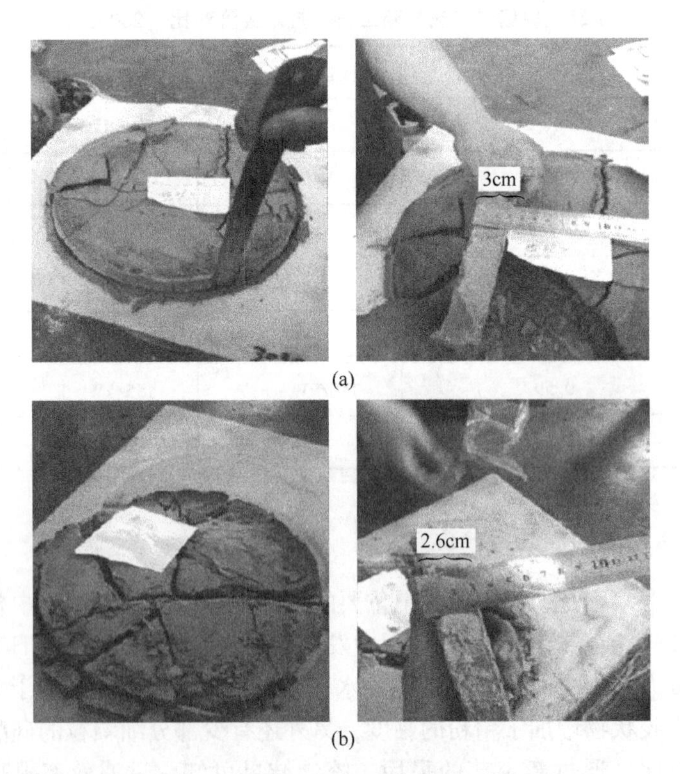

图 6-34　新旧工艺的过滤滤饼对比图

(a) 旧工艺；(b) 新工艺

另外萤石精粉含水率的降低，导致生产过程的硫酸消耗变小，统计结果见

表 6-22。每吨 105%硫酸的生产成本在整个生产供应链的周期内减少了 20.52 元，不仅成本大大降低，而且还可能减少过滤维护、腐蚀和安全可靠运行的风险，提高了整个装置的可靠性。

表 6-22 工艺优化对氢氟酸生产中硫酸单耗的影响

氢氟酸生产单耗/t · t^{-1}	单价/元 · t^{-1}	二月/t · t^{-1}	三月/t · t^{-1}
CaF_2	1484.47	1.74	1.63
98%硫酸	231.08	0.94	0.91
105%硫酸	342.22	1.07	1.01

6.5.3 抽检产品中 SiO_2 含量数据分析

由于后续化学工业对萤石产品的质量要求逐渐提高，一般要求 CaF_2 含量在 91%~95%，SiO_2 和 $CaCO_3$ 作为主要的有害杂质，须严格限制。因此抽检药后产品中 SiO_2 的含量是衡量浮选精矿指标好坏的重要部分。图 6-35 表明，从 3 月 20 日~4 月 7 日，浮选精矿 SiO_2 的杂质含量基本保持在 1.5%左右。4 月 10 日之后由于酸浸试验逐步展开，浮选段抑制剂用量减少，精矿中 SiO_2 含量有升高的趋势。总体而言，目前浮选药剂制度能够有效抑制硅酸盐矿物，使药后精矿 SiO_2 含量低于 2%。

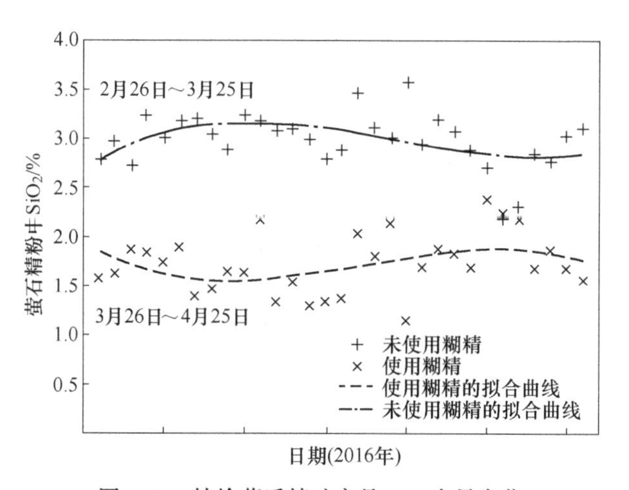

图 6-35 抽检药后精矿产品 SiO_2 含量变化

6.5.4 高钙原矿 2015 年与 2016 年化工级萤石产品回收率抽样对比分析

中试试验已证明短流程工艺流程可行性，但是由于试验期间原矿含钙量普遍不高，因此未充分证明高钙原矿可通过高效的方解石抑制剂单宁、硅酸盐抑制剂糊精等药剂对高碳酸钙杂质有效抑制，现场工艺流程经过稳定调试两个星期后结果见表6-23、表6-24和图6-36。

表6-23为湖南某矿业有限公司2015年部分高钙原矿产品指标数据。指标选取的原则基于2015年6月~12月半年生产中某天的3个综合样原矿中$CaCO_3$含量约为4%~5%。

表6-23 抽检2015年高钙原矿选矿指标一览

时间	处理原矿（脱泥后）		化工级精矿		化工级精矿实际回收率
	CaF_2/%	$CaCO_3$/%	CaF_2/%	$CaCO_3$/%	CaF_2/%
2015-6-5	43.71	4.63	92.52	0.83	43.10
2015-7-27	46.78	3.82	91.17	2.69	44.97
2015-7-28	48.95	4.12	91.35	2.98	45.26
2015-8-1	46.73	4.27	90.75	2.17	32.51
2015-9-21	44.59	3.88	92.00	2.37	24.53
2015-9-28	44.49	4.93	90.74	2.87	23.78
2015-10-10	45.65	4.53	93.00	1.18	30.15
2015-10-11	45.46	4.19	91.94	1.88	36.59
2015-11-6	45.70	3.84	92.51	0.35	34.11
2015-11-7	45.61	3.79	91.85	0.63	39.05

表6-24为湖南某矿业有限公司2016年部分高钙产品指标数据。选矿指标上可看出，2016年生产期间的高钙产品指标普遍优于2015年，因此2016年的高钙原矿调试后的连续选矿指标进一步证明新工艺试验结果的可靠性。

表6-24 2016年生产调试期高钙原矿选矿指标一览

时间	处理原矿（脱泥后）		化工级精矿		化工级精矿实际回收率
	CaF_2/%	$CaCO_3$/%	CaF_2/%	$CaCO_3$/%	CaF_2/%
2016-3-19	46.15	3.23	90.48	2.51	46.08
2015-3-20	46.06	3.59	91.37	2.13	46.73
2016-3-21	46.30	4.44	91.90	3.19	39.25
2016-3-22	44.99	3.99	92.12	2.94	48.52
2016-3-26	47.91	2.81	91.65	2.28	53.00
2016-3-27	47.89	2.29	91.20	1.74	49.36

续表 6-24

时间	处理原矿（脱泥后）		化工级精矿		化工级精矿实际回收率
	CaF_2/%	$CaCO_3$/%	CaF_2/%	$CaCO_3$/%	CaF_2/%
2016-3-30	47.68	3.26	91.81	2.33	74.22
2016-3-31	48.66	2.65	91.96	1.94	52.65
2016-4-1	48.46	2.66	92.81	2.36	52.75
2016-4-3	45.89	3.91	92.14	1.66	57.92
2016-4-4	45.17	6.81	91.59	3.68	48.53
2016-4-5	48.10	2.85	93.18	2.30	57.60
2016-4-13	48.64	3.77	93.17	0.54	46.91
2016-4-15	47.24	4.08	92.00	0.77	66.43

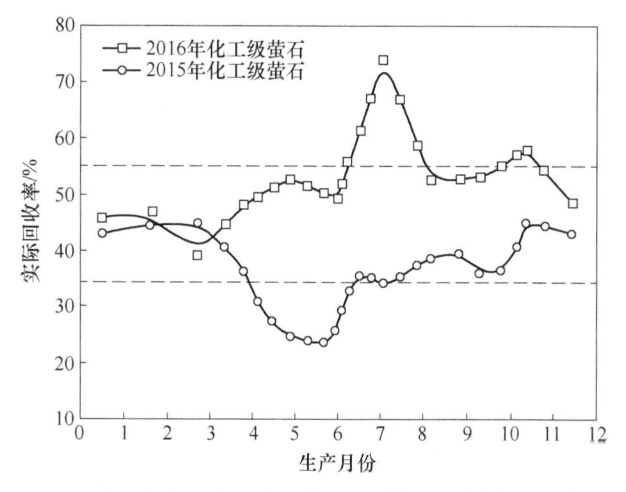

图 6-36 高钙原矿条件下化工级产品实际回收率对比

图 6-36 结果表明，在原矿 $CaCO_3$ 含量为 4%～5%相同条件下，过去的 2015 年化工级实际回收率均低于 2016 年生产调试期间。通过两者指标对比看出，难选高钙的萤石原矿同比过去的旧工艺，化工级产品回收率提高效果非常显著，产品实际回收率平均提高 23%左右。

6.6 本 章 小 结

（1）在 NaOl 与 Na_2CO_3用量不变的情况下，水玻璃无法有效抑制云母类硅酸盐脉石，必须加入新的抑制剂，加入辅助抑制剂糊精与酸化水玻璃组合使用，精

矿 CaF_2品位提高到 93.54%，开路回收率为 51.94%。减少酸化水玻璃的用量至 100g/t，通过加入糊精与单宁的组合两段抑制，精矿 CaF_2品位可达到 92.74%，开路回收率为 63.32%。

(2) 粗精样闭路试验结果表明，短闭路流程精矿 CaF_2 品位为 88.40%，$CaCO_3$为 6.59%，总钙可达到 94.99%，但是作业回收率仅为 67.93%。加入少量的硫酸可改善萤石精选的分离条件，最优条件下精矿 CaF_2 品位为 90.13%，$CaCO_3$为 3.68%，总钙可达到 93.81。整体作业回收率达到 79.03%。

(3) 中试浮选试验经过两种技术方案对比，选取第二种技术方案。通过分析细粒原矿试验研究的结果，三天未间断连续运行，作业回收率平均为 72.88%，浮选精矿总钙不小于 93%，整体指标达到中试预定目标。现场该时间段化工级萤石产品平均理论回收率仅为 56.06%。因此中试试验结果可得，化工级萤石产品回收率同比现场提高 16.82%。

(4) 现场技术改造后，旧工艺流程 2 系列与新工艺流程 3 系列对比。3 系列萤石精矿品位波动不大，但产品的理论回收率得到大幅提高，平均提高 15% 左右。

(5) 生产调试期间，针对处理难选高碳酸钙原矿，旧药剂制度难以获得合格的精矿产品。通过糊精、单宁组合抑制剂作用，原矿中碳酸钙含量为 4%～5%，较优的药剂用量下浮选精矿 CaF_2达到 91%以上，其中药后精矿产品 SiO_2含量普遍低于 2%，利于下游化工产业生产。

(6) 工业生产稳定后，原生产现状为：原矿 $CaCO_3$含量 4%～5%，产品结构化 2 级萤石：冶金级萤石 = 5：5，化工级回收率约为 35%，总回收率平均为 65%。现浮选工艺技术优化稳定生产化工级不小于 91%、冶金级不小于 80%，化工级产品回收率由 35%提高到 55%～60%，可以提高化工级萤石粉产品的比例为 7：3，总回收率为 70%～75%。

(7) 据统计，旧工艺的萤石浮选处理系统与新工艺浮选处理系统实际成本的比较结果表明，2016 年 4 月，由于选矿试剂和电力的成本节约，某选矿厂每天节省了 18458.8 元。同时，2016 年调试期间的化工级产品的实际回收率均高于过去的 2015 年，产品实际回收率平均提高 23%左右，带来极大的经济效益。

(8) 工业酸浸试验结果表明，优化控制浸出条件，能够有效将浮选精矿中的杂质碳酸钙浸出，并获得精矿品位 93%以上，提供了尾水处理方案，酸浸废水中氯离子通过硫酸的合理置换，使得新生成盐酸循环利用，硫酸钙可作为晶须产品。

附录　反浮选+酸浸工艺技术

首先通过浮选实验室的小试试验，再经过中试（见附图 1-1）将方案进行验证，试验规模依然是 25t/d。小试所选定的捕收剂和抑制剂进行反浮选试验，试验结果与直接浸出的萤石粉进行酸浸试验对比，最终获得详细的废酸消耗分析和准确 SiO_2 去除率等关键指标。

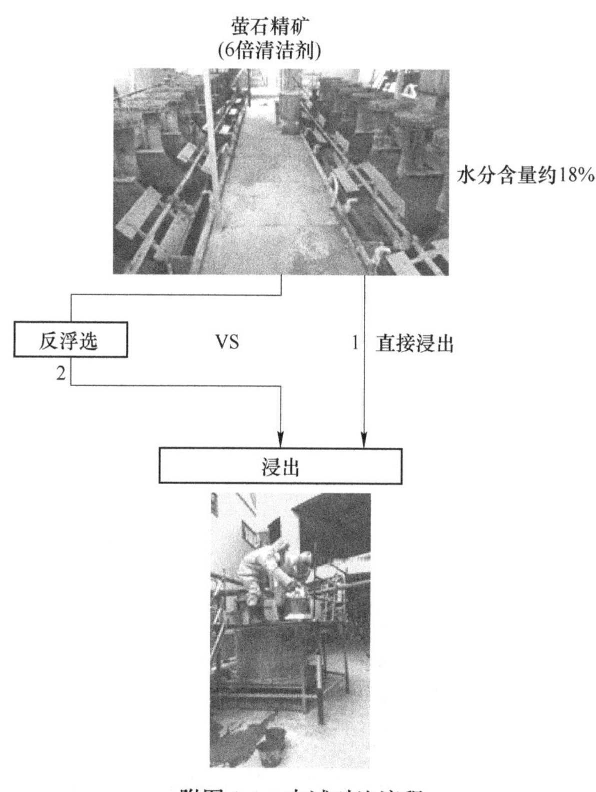

附图 1-1　中试对比流程
1—直接浸出；2—反浮选后浸出

附 1.1　纯矿物浮选试验研究

此时选定十二胺作为反浮选的捕收剂，且排除方解石的影响。重点考察绢云母与萤石在十二胺用量为 1×10^{-4} mol/L 条件下，pH 值对两种矿物的浮选影响，其结果如附图 1-2 所示。结果表明，随着 pH 值的增加，绢云母的回收变化较小，呈微小升高的趋势。当 pH 值在 2~3 的范围内，绢云母的回收率保持在 60%以上，而萤石的回收率的表现与之相反，在相同 pH 值范围内萤石的回收率很低。当 pH 值大于 3 后萤石回收率显著提高，当 pH 值大于 8 时，萤石的回收率大于绢云母。因此，在强酸性条件下，两种矿物的回收率存在显著差异。当 pH 值为 2 时，绢云母回收率为 50. 65%，而萤石仅有 3. 12%，足以实现绢云母与萤石的浮选分离，即 pH 值为 2 时，十二胺作为捕收剂可选择性地从萤石中浮选绢云母。由此，在 pH 值为 2，十二胺用量为 1×10^{-4} mol/L 的条件下，进行捕收剂用量试验。

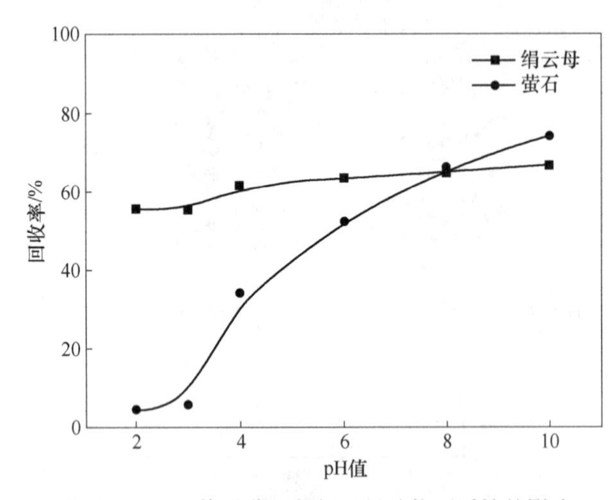

附图 1-2 pH 值对萤石与绢云母矿物可浮性的影响

附图 1-3 的结果表明，在 pH 值为 2 的条件下，随着十二胺用量的增大，绢云母的回收率缓慢上升。当十二胺浓度大于 20×10^{-5} mol/L 时，能够实现绢云母和萤石的选择性浮选。尽管绢云母此时的回收率约为 69%，但由于绢云母的天然亲水性，大约 31%的绢云母矿物难以上浮。当十二胺浓度大于 20×10^{-5} mol/L 时，萤石回收率迅速增加。这是因为高浓度十二胺的泡沫存在的时间较长，浮选过程中产生夹带现象。尽管在强酸性条件下，两种矿物能够实现分离，但考虑到现场生产中强酸性条件很难实现，且受到成本与设备腐蚀等因素限制，强酸性环境（pH 值为 2）的工艺并不可行。因此，小型试验选用柠檬酸作为萤石的抑制剂，希望通过抑制剂的加入来避免强酸性的条件。如附图 1-4 所示，在 pH 值为 7，十二胺用量为 2×10^{-4} mol/L 时，绢云母和萤石回收率随柠檬酸用量的变化结果。

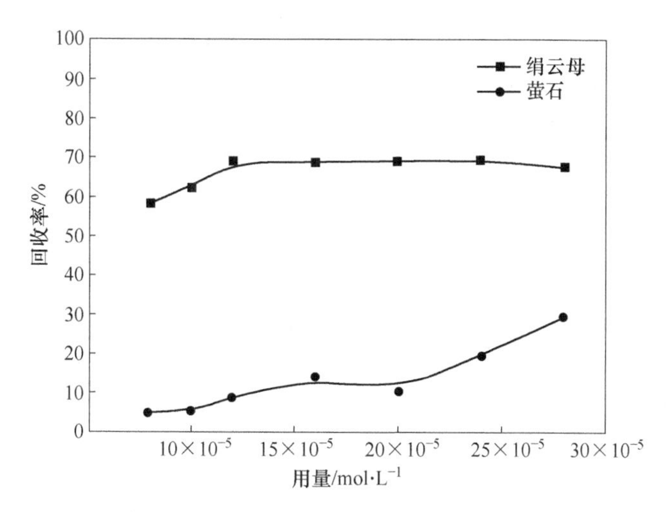

附图 1-3　十二胺用量对矿物可浮性的影响

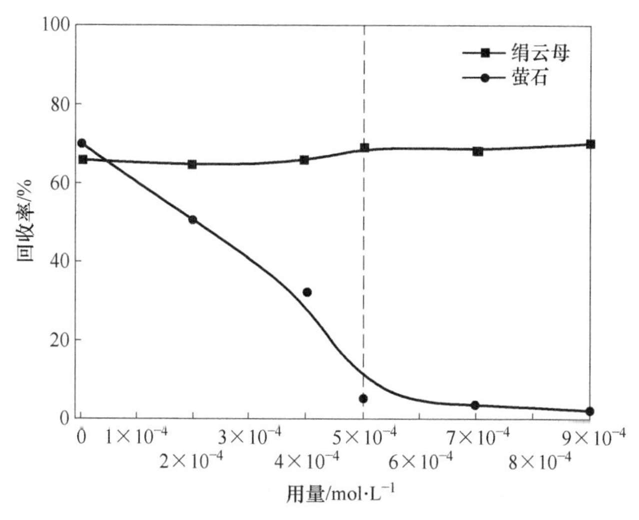

附图 1-4　柠檬酸用量对矿物可浮性的影响

由附图 1-4 结果可知，柠檬酸的加入对绢云母的回收率没有产生显著影响，且当柠檬酸用量为 5×10^{-4}mol/L，由于柠檬酸本身是三元羧酸，此时的矿浆环境转变为弱酸性（pH 值为 5），绢云母的回收率保持在 60%以上。但随着柠檬酸用量的增加，萤石的回收率出现明显下降。特别是柠檬酸投加量为 5×10^{-4}mol/L 时，萤石最低回收率为 4. 83%。据此推断，pH 值为 7 时，柠檬酸对萤石有较好的抑制作用。但此时矿浆 pH 值约为 5，为了排除萤石抑制的是受到弱酸性影响，下一步验证在有或无柠檬酸用量下，十二胺的用量对两种矿物浮选回收率的影响。

附图 1-4 的结果表明，在中性 pH 值条件下，柠檬酸作为抑制剂，十二胺作为捕收剂，绢云母和萤石的分离效果很好。但随着柠檬酸加入，后续会影响矿浆 pH 值，为了验证柠檬酸抑制作用，如附图 1-5 所示，将在 pH 值为 5 的条件下，考察加入柠檬酸和未加入柠檬酸的情况，十二胺用量对矿物可浮性的影响。结果表明，在 pH 值为 5，十二胺用量为 2×10^{-4} mol/L 时，加入柠檬酸后萤石的回收率远低于未加入柠檬酸的萤石回收率；当十二胺浓度为 3×10^{-4} mol/L 时，两种条件下，萤石的回收率差距约为 55%。试验证明，在捕收剂加入之前，矿浆 pH 值降低，能够对萤石产生一定的抑制，但并不明显，当加入柠檬酸后，确实在一定程度上能起到降低矿浆 pH 值的作用，但更主要的抑制作用仍然是抑制剂本身对萤石可浮性的有效抑制。

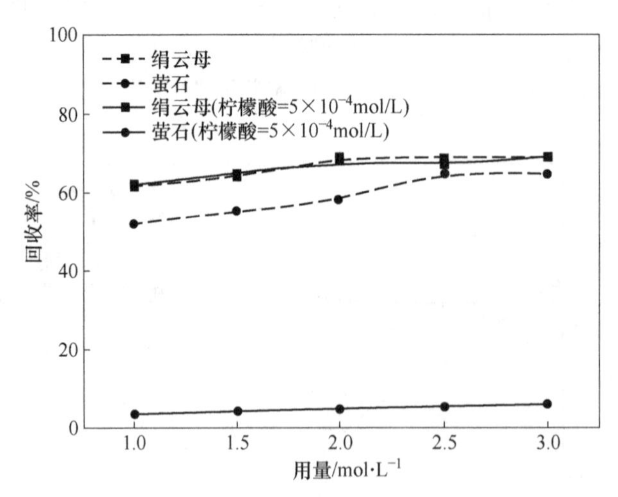

附图 1-5 十二胺用量对矿物可浮性的影响

附 1.2 绢云母和萤石与十二胺和柠檬酸作用前后表面动电位的变化

不同 pH 值条件下，浮选药剂对绢云母矿物表面 zeta 电位的影响如附图 1-6（a）所示。由附图 1-6（a）可知，当 pH 值在 2~11 范围内，绢云母表面的动电位一直显负，这与之前的文献报道中测定值相吻合。当十二胺捕收剂加入后，绢云母矿物表面的动电位由负向正进行转变，这说明十二胺能够有效吸附于绢云母表面。另外，当溶液中加入柠檬酸时，绢云母表面动电位值相比空白条件下降低了约 10mV，这说明柠檬酸在带负电荷的绢云母表面有轻微的吸附，柠檬酸与带负电荷的绢云母之间的相互作用较弱。而抑制剂柠檬酸和捕收剂十二胺两者均加入溶液后，绢云母的动电位显著提高了 35mV。此结果表明，带正电的十二胺与带负电的绢云母表面存在强烈的静电相互作用，并不会受到柠檬酸的影响。

如附图 1-6（b）所示，这是萤石粉的等电点在 7.8 左右，与正文中等电点 7.3 有一定的误差。但仍介于文献报道中测定值 6.5～10.5。当矿浆 pH 值小于 7.8 时，萤石表面荷正电，易与阴离子药剂相作用；当矿浆 pH 值大于 7.8 时，萤石表面荷负电，阳离子药剂容易通过静电引力吸附。当加入十二胺后，萤石表

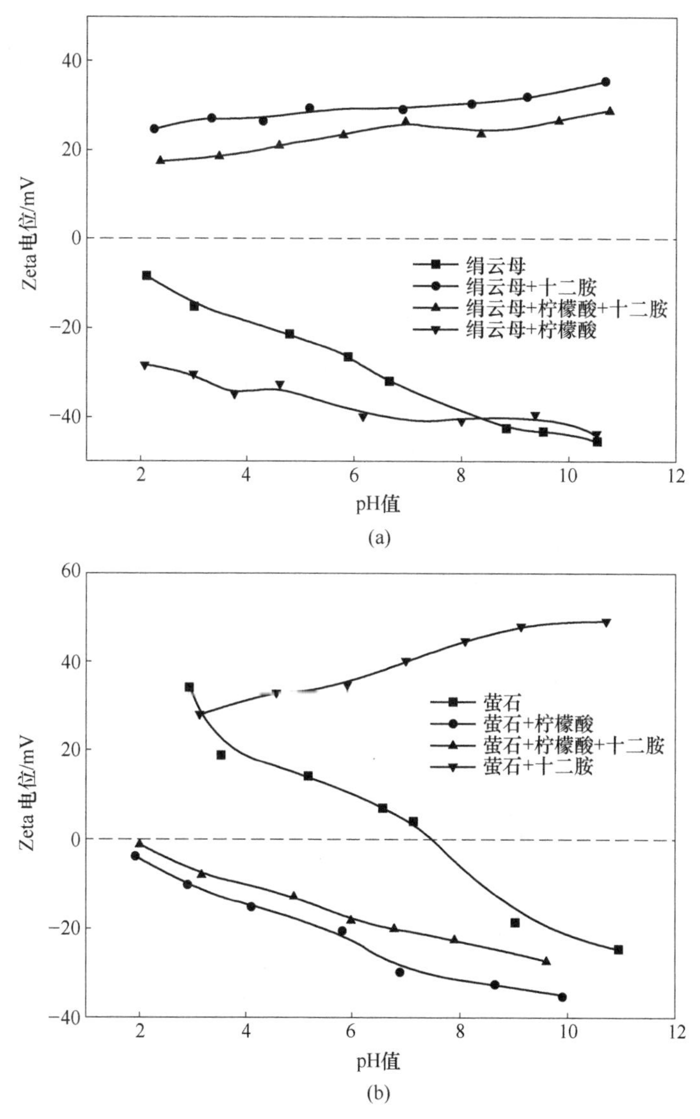

附图 1-6 药剂作用前后绢云母 Zeta 电位（a）和萤石 zeta 电位（b）与 pH 值的关系

面动电位均显著增加，与绢云母相同。但在 pH 值大于 7.8 时增加趋势明显更快，说明随着 pH 值的增加，十二胺与萤石表面的相互作用逐渐加强。另外，抑制剂柠檬酸的加入后，萤石动电位明显下降，相比未加药剂时，平均下降了 25mV，表明抑制剂柠檬酸在萤石表面的吸附作用较强。但与绢云母不同的是，在 pH 值为 2~11 范围内，当抑制剂柠檬酸和捕收剂十二胺同时存在时，萤石动电位仍然为负，降低幅度仅比柠檬酸单独加入时略有增加。此结果说明柠檬酸的存在极大地阻碍了捕收剂十二胺在萤石表面上的吸附。

附 1.3 药剂与绢云母及萤石作用溶液化学分析

十二胺与柠檬酸在水溶液中均会发生电离，十二胺的溶液化学平衡方程式如下：

$$RNH_2(s) \rightleftharpoons RNH_2(aq) \qquad S = 10^{-4.70} \qquad (1\text{-}1)$$

$$RNH_3^+ \rightleftharpoons RNH_2(aq) + H^+ \qquad K_a = 10^{-10.63} \qquad (1\text{-}2)$$

$$2RNH_3^+ \rightleftharpoons (RNH_3^{2+})_2^{2+} \qquad K_d = 10^{2.08} \qquad (1\text{-}3)$$

$$RNH_3^+ + RNH_2(aq) \rightleftharpoons [RNH_3^+ \cdot RNH_{2(aq)}] \qquad K_{im} = 10^{3.12} \qquad (1\text{-}4)$$

柠檬酸的溶液化学平衡方程式如下：

$$H_3Cit \rightleftharpoons H_2Cit^- + H^+ \qquad K_{a1} = 10^{-3.13} \qquad (1\text{-}5)$$

$$H_2Cit^- \rightleftharpoons HCit^{2-} + H^+ \qquad K_{a2} = 10^{-4.76} \qquad (1\text{-}6)$$

$$HCit^{2-} \rightleftharpoons Cit^{3-} + H^+ \qquad K_{a3} = 10^{-6.4} \qquad (1\text{-}7)$$

$$Cit^{3-} \rightleftharpoons Cit^{4-} + H^+ \qquad K_{a4} = 10^{-11.6} \qquad (1\text{-}8)$$

按上述公式计算不同 pH 值时，在十二胺浓度为 2×10^{-4}mol/L，附图 1-7 和附图 1-8 分别显示了十二胺和柠檬酸的组分随 pH 值变化的分布。

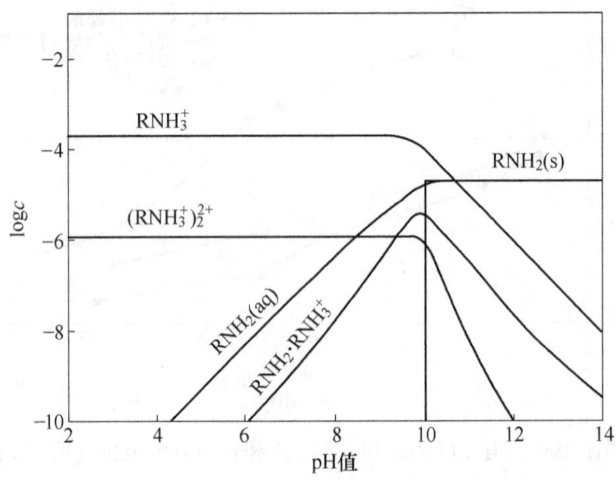

附图 1-7 十二胺随 pH 值变化的溶液组分分布

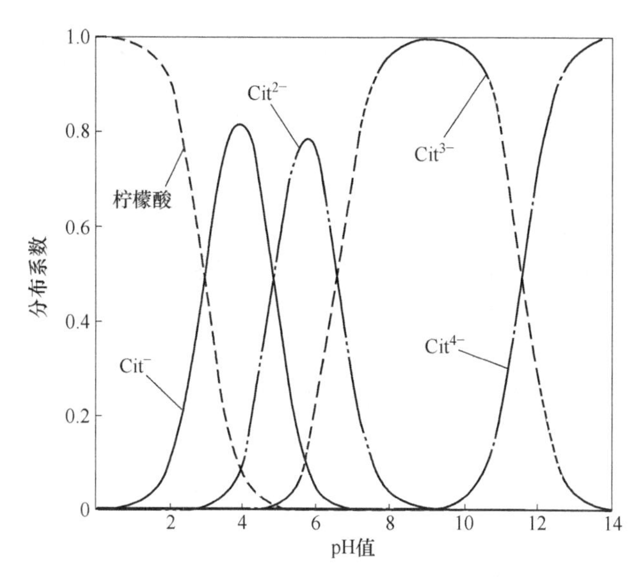

附图 1-8 柠檬酸组分溶解随 pH 值变化分布（25℃，1atm）

如附图 1-7 所示，十二胺主要的中性分子 RNH_2在 pH 值为 10.04 时沉淀，而离子组分 RNH_3^+和（RNH_3）$_2^{2+}$在 pH 值为 2.0～9.5 范围内，溶液处于主导地位，在 pH 值为 9.85 的条件下，离子与分子配合物的混合组分达到最大值。根据之前的 Zeta 电位分析试验结果可知，绢云母矿物的表面电位始终呈现负电荷。而在 pH 值大于 10 时，溶液中捕收剂的主要种类为 RNH_3^+、（RNH_3）$_2^{2+}$和 $RNH_2 \cdot RNH_3^+$，因此捕收剂三种优势组分在绢云母的静电吸附作用较强。而在 pH 值为 7.8～10 时，萤石表面由正转负，即弱碱性环境下，十二胺在萤石表面的吸附量也会增加，这与前期的浮选数据相吻合。

如附图 1-8 所示，当 pH 值为 9.9 时，Cit^{3-}组分达到最大值。说明在强碱性环境下，柠檬酸的主要溶解组分为 Cit^{3-}，它们对萤石的抑制作用明显。据文献报道，当 pH 值在 5.5～13.0 范围内，从热力学上分析，Cit^{3-}和 Ca^{2+}离子的反应更容易发生。据此可进一步推断，阴离子 Cit^{3-}在 pH 值大于 IEP 7.8 时，主要通过化学吸附而不是静电吸引吸附到带负电的萤石表面。另外，通过柠檬酸和十二胺处理后萤石表面的 Zeta 电位分析可知，与单一加入柠檬酸相比，同时存在柠檬酸和十二胺时，萤石表面的 zeta 电位略微偏酸性。假设十二胺吸附于萤石表面同绢云母的情况相似，都是物理吸附，则在 pH 值为 2～11 范围内，柠檬酸和十二胺处理后的萤石表面 pH 值均变为高碱性（正电为主），因此，这个假设是不成立的。而随着柠檬酸水解的不断进行，溶液中的 Cit 离子慢慢向萤石表面转移，逐步形成稳定的螯合物从而强化吸附过程。

附 1.4 绢云母及萤石与十二胺和柠檬酸作用前后表面红外光谱分析

由附图 1-9（a）可知，2357cm^{-1}和 2360cm^{-1}处的特征峰值是二氧化碳杂质峰（可排除）。而绢云母在 3628cm^{-1}和 1024cm^{-1}处有两个明显的特征峰，该吸收峰归因于 Al—OH 基团的伸缩振动及 Si(Al)—O 或 Si—O—Si(Al) 基团的平面内伸缩振动。经过十二胺处理后的绢云母表面 FTIR 光谱中可看出，在 2918cm^{-1}和 2844cm^{-1}处的两个特征峰是—CH 基团的伸缩振动。而位于 2364cm^{-1}、2335cm^{-1}处的变化峰则属于—CN 拉伸组。与此同时，可发现 2847cm^{-1}和 2919cm^{-1}附近出现 CH_3或者—CH_2伸缩带。因此，十二胺吸附于绢云母的特征峰并未出现明显位移，可判定十二胺吸附于绢云母表面更多以物理吸附为主。然而，柠檬酸与十二胺共同处理的绢云母表面与十二胺处理的条件相比之下，并未出现柠檬酸所具备的相关特征峰，这说明柠檬酸在绢云母表面没有吸附，与之前的浮选试验数据相一致。

由附图 1-9（b）所示，十二胺处理后的萤石表面出现了类似的峰（2933cm^{-1}和 2849cm^{-1}），说明十二胺对萤石的静电吸附过程与绢云母相似。产生这种吸附的现象主要原因是十二胺的捕收剂捕收能力虽强，但吸附过程不具备选择性。在柠檬酸处理的萤石表面 FTIR 光谱中，出现 1715cm^{-1}、3370cm^{-1}、1417cm^{-1}及 799cm^{-1}的特征峰，分别归因于柠檬酸中的—COOH 基团、—OH 基团、C—O 基团和 C—H 拉伸振动。与未处理的萤石表面相比，柠檬酸和十二胺

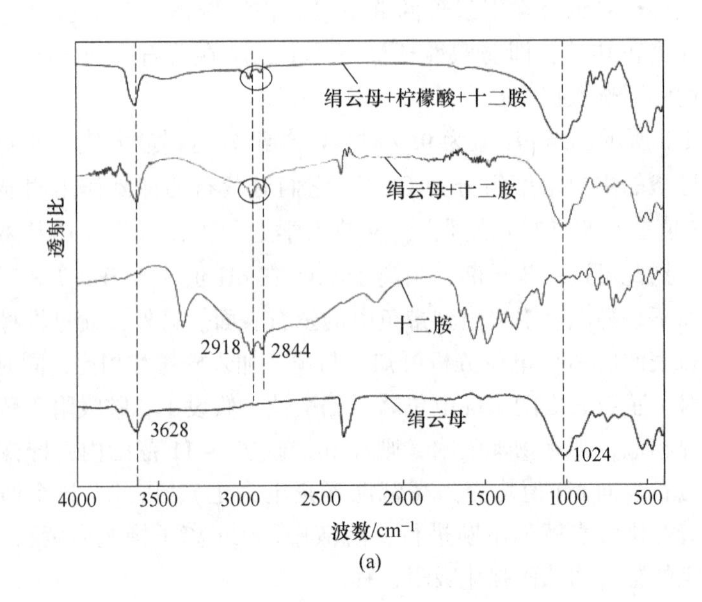

(a)

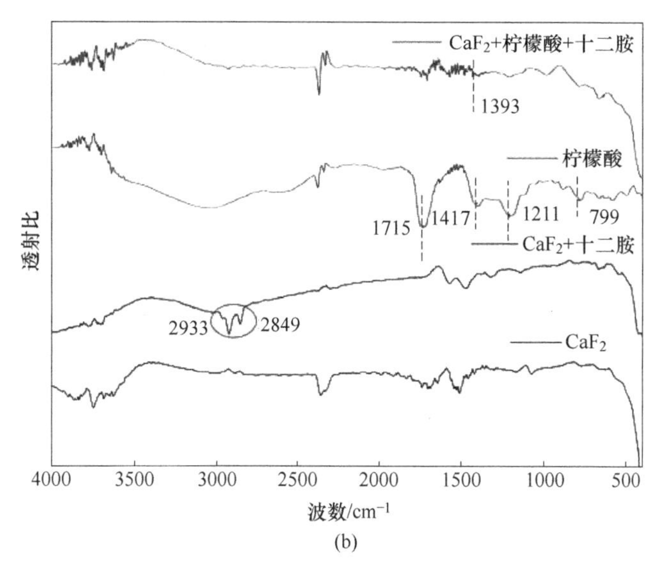

附图 1-9 药剂作用前后绢云母（a）和萤石（b）表面 FT-IR 图谱

处理后的萤石表面分别在 1715cm^{-1}和 3370cm^{-1}处出现特征吸收峰，归因于—COOH基团和—OH 基团振动。而 1393cm^{-1}处的峰出现 24cm^{-1}的显著位移，这是 C—O 基团引入后发生的化学变化所致，这表明了抑制剂柠檬酸在萤石表面的化学吸附。经柠檬酸和十二胺处理后的萤石的 FTIR 光谱在 1500～1700cm^{-1}范围内出现特征吸收峰的变化，以及—CH 基团（2933cm^{-1}和 2849cm^{-1}）的伸缩振动消失，可能表面生成了螯合物。因此进一步推断柠檬酸在萤石表面的化学吸附阻碍了十二胺的吸附。

附 1.5 实验室反浮选试验

通过对湖南某矿现场的萤石精矿粉进行了两次反浮选试验，萤石粉中 CaF_2 品位为 92.87%，SiO_2品位为 2.82%，$CaCO_3$含量为 3.14%。萤石精矿粉中大部分萤石和绢云母矿物分布在+10～37μm 范围内。而小于 10μm 萤石中绢云母含量较少。通过光学显微镜观察所得的微观形貌图像如附图 1-10 所示。

由附图 1-10 可以看出，萤石的平均粒径明显小于绢云母。在 10μm 尺度下，绢云母与萤石赋存情况相似，因此，细粒级的绢云母 Ca^{2+}被活化后容易被 NaOl 捕收。而现场通过增加精选次数来富集萤石精矿是极其困难的。闭路浮选的详细流程如附图 1-1 所示，浮选对比试验条件及试验结果分别见附表 1 和附图 1-11。

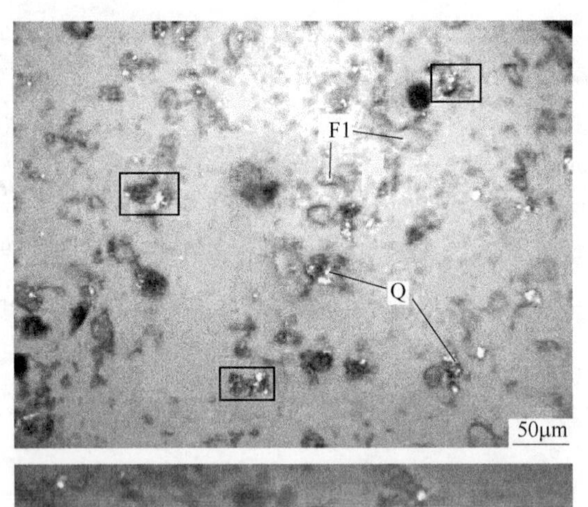

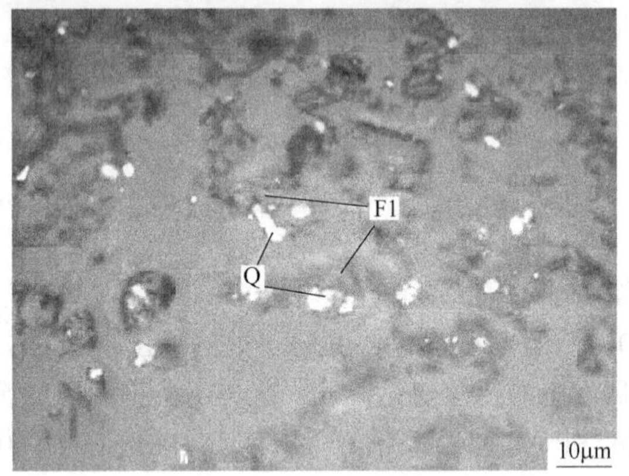

附图 1-10 萤石精矿粉的微观形貌

F1—萤石；Q—绢云母

附表 1 浮选对比试验结果

样品编号	条 件
1	萤石精粉
2	直接浮选（未清洗）+水玻璃（200g/t）+油酸钠（50g/t）
3	直接浮选（洗矿）+水玻璃（200g/t）+油酸钠（50g/t）
4	反浮选（未清洗）+柠檬酸（5kg/t）+十二胺（50g/t）
5	反浮选（洗矿）+柠檬酸（5kg/t）+十二胺（50g/t）

正反浮选对比试验结果如附图 1-11 所示。1 号样品取自浮选现场的直接萤石精矿，2 号样品是未经过清洗，直接继续进行正浮精选。精选后的结果可知，精矿中 CaF_2品位略有提高，但 SiO_2的含量变化不大。3 号样品将萤石精矿经先通过超声波清洗，去除原来矿物表面的残留药剂，然后进行正浮精选。结果发现精矿

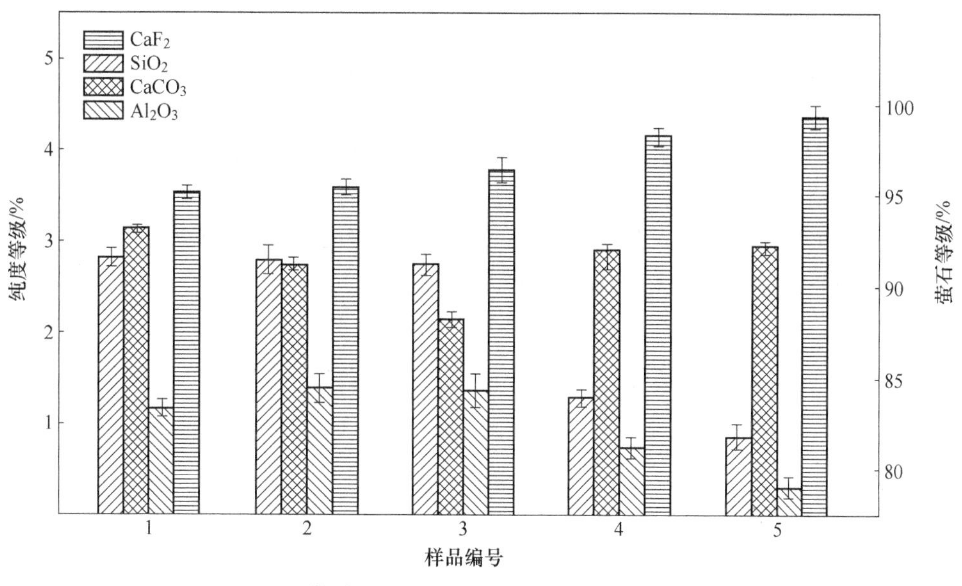

附图 1-11 正反浮选对比试验结果

中 $CaCO_3$含量显著降低，SiO_2和 Al_2O_3含量未受影响。主要原因在于洗矿后增强了水玻璃对含钙杂质矿物的抑制作用，但未对绢云母产生抑制效果。

4 号样品未洗矿，经过反浮选工艺，当柠檬酸和十二胺用量分别为 5.0kg/t 和 50g/t 时，萤石品位提高至 95.07%，而 SiO_2从 2.82%降至 1.28%，Al_2O_3含量从 1.17%降至 0.74%。正、反浮试验结果对比发现，采用柠檬酸+十二胺对清洗后的样品进行浮选，生产中使用的残留试剂（NaOl）和绢云母的活化影响了十二胺的捕收作用。5 号样品为超声波清洗矿样，浮选精矿中 CaF_2品位提高至 95.89%，SiO_2回收率仅为 30.49%，SiO_2和 Al_2O_3含量下降显著，即绢云母去除率为 69.51%。其根本原因在于绢云母中的 SiO_2和 Al_2O_3的比例为 2∶1。因此，柠檬酸+十二胺的反浮选方案明显优于正浮选。

附 1.6 反浮选工艺半工业试验

本次半工业试验结果主要是验证实验室反浮选的结果是否可行。经过工艺 1 直接浸出（工艺 1 实施时间为 5 月 10~17 日）与工艺 2 的反浮选加浸出（工艺 2 计实施时间为 5 月 15~21 日）工艺对比试验，实验的各项关键指标如附图 1-12~附图 1-14 所示。由附图 1-12 可知，将工艺 1 和工艺 2 生产中萤石精矿品位进行比较发现，工艺 2 获得的萤石品位明显优于工艺 1，品位提高值约为 1.5%。根据当前市场情况分析，酸级萤石粉（CaF_2含量不小于 97%）每吨价格比原价

（95%≤CaF_2<97%）高出 200 元。由附图 1-12 可知，工艺 2 的精矿产品中 SiO_2 含量比工艺 1 低约 1.0%，杂质含量的降低有助于下游氢氟酸工艺中的硫酸消耗。值得注意的是，工艺 2 的萤石精矿的回收率相比工艺 1 仅由 76.84% 降至 73.59%，证明工艺 2 的萤石损失较小。尽管半工业试验结果有一定的局限性，但反浮选+浸出新工艺 2 明显降低原有工艺的生产成本，对危险硫酸降低的需求。新工艺 2 不仅提高了氢氟酸生产车间的安全性，而且相对利润大幅增加（43155.71 元/d）（见附表 2）。随着未来高品位萤石粉（CaF_2含量不小于 97%）价格的逐步增加，经济效益也会不断提升。

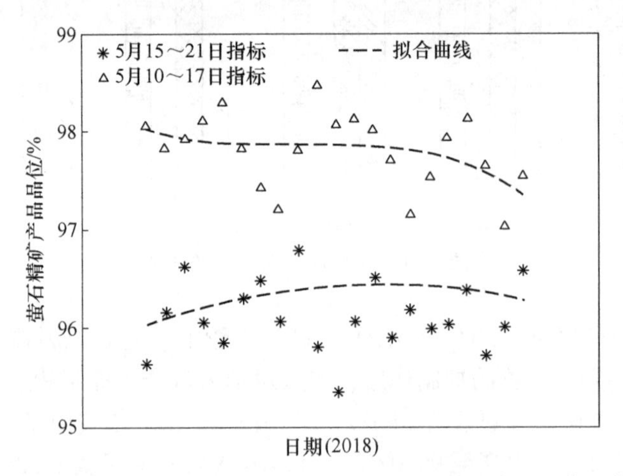

附图 1-12 2018 年试验工艺 1 和工艺 2 萤石精矿产品品位比较

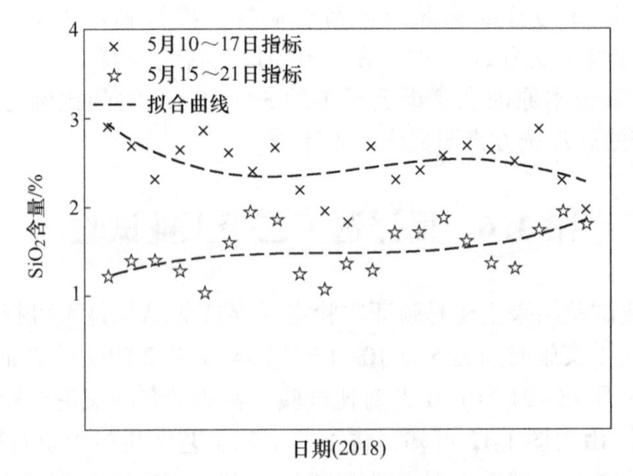

附图 1-13 2018 年试验工艺 1 和工艺 2 萤石精矿中 SiO_2含量比较

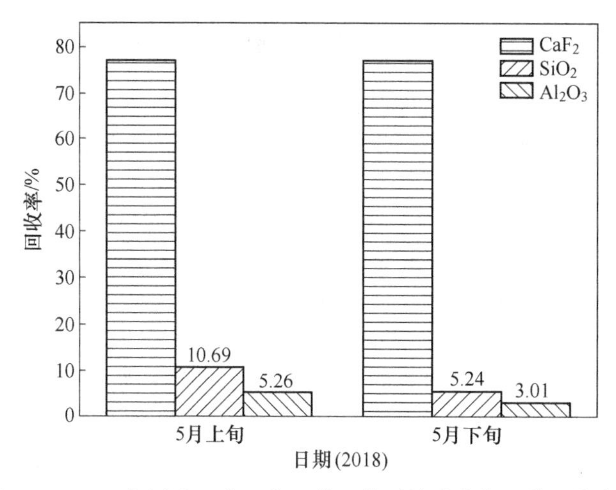

附图 1-14 2018 年试验工艺 1 和工艺 2 萤石精矿中各组分回收率比较

附表 2 基于半工业试验的数据的经济预算（2000t/d）

耗费原料	单位价格/元 · t^{-1}	工艺 1/t · d^{-1}	工艺 2/t · d^{-1}	相对利润/元 · d^{-1}
萤石粉（$95 \leqslant CaF_2 < 97\%$）	1500	614.72	—	+78744
萤石粉（$CaF_2 \geqslant 97\%$）	1700	—	588.72	
稀盐酸	400	73.77	49.18	+9836
柠檬酸	4400	—	10	-44000
十二胺	16800	—	0.1	-1680
水	15	1803.59	1727.30	+1144.35
电	14.25	234.45	224.53	+141.36
合计	—	—	—	+43155.71

备选的一系列工艺试验结果表明，反浮选是难选萤石精矿粉品位再提高的有效方法。通过小型试验，初步证明在酸性条件下或用柠檬酸加十二胺分离萤石和绢云母是很成功的。半工业试验结果表明，该反浮选加浸出新工艺能够显著降低萤石精粉及下游生产氢氟酸的生产成本，降低环境影响，既能满足当前市场的需求，还能保证经济效益不断提升。因此反浮选加酸浸的工艺为后续难选低品位萤石粉的生产，奠定了扎实的技术基础。

参考文献

[1] 田红星 . 中国矿业氧吧之三十四萤石矿 [J]. 资源与人居环境，2009 (5)：27-29.

[2] 王宏明，倪冬生，赵湖，等 . B_2O_3作助熔剂对 CaO 基精炼渣系熔化温度的影响 [J]. 特殊钢，2009，30 (6)：1-3.

[3] 徐博，朱光明，祝萌 . 航空航天用膨化聚四氟乙烯密封材料研究进展 [J]. 中国塑料，2013，27 (8)：8-12.

[4] 陈石义，张寿庭 . 我国氟化工产业中萤石资源利用现状与产业发展对策 [J]. 资源与产业，2013 (2)：79-83.

[5] 牛丽贤，张寿庭 . 中国萤石产业发展战略思考 [J]. 中国矿业，2010，19 (8)：21-25.

[6] Zhang X，Wang X，Yin X，et al. Interfacial chemistry features of selected fluorite surfaces [J]. Separation Technologies for Minerals Coal & Earth Resources，2012，27 (2) .

[7] Janicki M J，Drzymala J，Kowalczuk P B. Structure and surface energy of both fluorite halves after cleaving along selected crystallographic planes [J]. Physicochemical Problems of Mineral Processing，2016，52 (1)：451-458.

[8] Jaczuk B，Bialopiotrowicz T. Surface free-energy components of liquids and low energy solids and contact angles [J]. Journal of Colloid & Interface Science，1989，127 (1)：189-204.

[9] 杨作升 . 方解石和白云石在成分及结构上变异的分析及其应用实例 [J]. 海洋湖沼通报，1981 (1)：28-38.

[10] 王杰 . 方解石晶体结构及表面吸附浮选药剂的第一性原理研究 [D]. 贵州：贵州大学，2016.

[11] Miller J D，Hiskey J B. Electrokinetic behavior of fluorite as influenced by surface carbonation [J]. Journal of Colloid & Interface Science，1972，41 (3)：567-573.

[12] 高志勇，宋韶博，孙伟，等 . 瓜尔胶和黄原胶对方解石浮选的抑制行为差异及机理[J]. 中南大学学报 (自然科学版)，2016，47 (5)：1459-1464.

[13] 杨耀辉，孙伟，刘红尾 . 高效组合抑制剂 D1 对钨矿物和含钙矿物抑制性能研究 [J]. 有色金属 (选矿部分)，2009 (6)：50-54.

[14] Pradip，Beena Rai A，Rao T K，et al. Molecular Modeling of Interactions of Diphosphonic Acid Based Surfactants with Calcium Minerals [J]. Langmuir，2002，18 (3)：932-940.

[15] De Leeuw N H，Parker S C，Rao K H. Modeling the competitive adsorption of water and methanoic acid on calcite and fluorite surfaces [J]. Langmuir，1998，14 (20)：5900-5906.

[16] 高志勇，孙伟，胡岳华 . 矿物的解理性质及表面能：各向异性的表面断裂因素 [J]. 中国有色金属学报 (英文版)，2014 (9)：2930-2937.

[17] Li C，Gao Z. Effect of grinding media on the surface property and flotation behavior of scheelite particles [J]. Powder Technology，2017，322.

[18] 刘淑贤，申丽丽，牛福生 . 河北某低贫难选萤石矿浮选工艺研究 [J]. 非金属矿，2010，33 (4)：28-29.

[19] 周维志 . 提高桃林铅锌矿中萤石浮选指标的研究 [J]. 中国矿山工程，1985 (12)：

24-29.
[20] 安顺辰．LHO-捕收剂及浮选萤石［J］．有色金属（选矿部分），1987（1）：17-30.
[21] 肖远辉．BC-2 浮选萤石时油酸的代用品［J］．国外金属矿选矿，1981（10）：50-51.
[22] 朱一民．y-17 脂肪酸钠盐与萤石的作用机理研究［J］．非金属矿，1987（2）：38-40.
[23] 张行荣，朴永超，尚衍波，等．一种耐低温型捕收剂在萤石浮选中的应用［J］．矿产综合利用，2015（3）：28-31.
[24] 张一敏．萤石低温浮选捕收剂的研究［J］．矿冶工程，1995（1）：25-27.
[25] 葛英勇，韦群宗，葛传玉，等．Hp303 捕收剂浮选萤石的研究［J］．中国锰业，1995（3）：17-20.
[26] 郭文峰．某白钨尾矿中萤石的浮选捕收剂研究［D］．南昌：江西理工大学，2013.
[27] Kotlyarevsky I L，Alferiev I S，Krasnukhina A V，et al. New phospho-organic collectors for flotation of non-sulphide minerals［J］. 1984（3）：31~37.
[28] Pomazov V D，Kondrat Ev S A，Rostovtsev V I. Improving the finely disseminated carbonate-fluorite ore flotation with FLOTOL-7，9 agent［J］. Journal of Mining Science，2012，48（5）：920-927.
[29] 王洪涛，裘忠富．浙江萤石资源特点及选矿工艺研究［J］．矿产保护与利用，1996（5）：20-22.
[30] Smith R W，Haddenham R，Schroeder C. Amphoteric surfactants as flotation collectors［J］. 1973（2）：15~20.
[31] 胡岳华，王淀佐．新型两性捕收剂浮选萤石，重晶石，白钨矿的研究［J］．有色金属（选矿部分），1989（4）：10-13.
[32] 张泾生，阙煊兰．矿用药剂［M］．北京：冶金工业出版社，2008.
[33] 魏克帅．浮钨尾矿中萤石的活化及其与方解石的浮选分离研究［D］．长沙：中南大学，2011.
[34] 葛英勇．水玻璃溶液化学与萤石、赤铁矿浮选分离机理研究［J］．矿冶工程，1990，10（2）：24-27.
[35] 张崇辉，何廷树，卜显忠，等．萤石矿浮选的正交试验研究［J］．非金属矿，2017，40（5）：3.
[36] 张光平，陆海涛，任大鹏，等．内蒙古某地萤石矿浮选试验方法［J］．内蒙古科技与经济，2009（21）：84-85.
[37] 周文波，程杰，冯齐，等．酸化水玻璃在墨西哥某高钙型萤石矿选矿试验中的作用［J］．非金属矿，2013（3）：31-32.
[38] 印万忠，吕振福，韩跃新，等．改性水玻璃在萤石矿浮选中的应用及抑制机理［J］．东北大学学报（自然科学版），2009，30（2）：287-290.
[39] 周涛，师伟红．金塔县某高钙萤石矿选矿试验研究［J］．金属矿山，2011，V40（3）：102-104.
[40] 牛云飞，黄敏．晴隆碳酸盐型萤石矿选矿生产实践［J］．矿产保护与利用，2010（3）：16-19.

[41] 田学达，张小云. 萤石浮选新工艺与选择性抑制剂的研究（英文）[J]. 湘潭大学自然科学学报，2000，22（3）：122-126.
[42] 车丽萍. 新型药剂在萤石与方解石、重晶石、石英浮选分离中的应用 [J]. 有色金属（选矿部分），2000（6）：36-40.
[43] 叶志平，何国伟. 柿竹园萤石综合回收浮选抑制剂的研究 [J]. 有色金属（选矿部分），2005（6）：44-46.
[44] 汪云峰，周祥良. 复合型萤石矿浮选研究与工业试验 [J]. 非金属矿，2001，24（6）：39-40.
[45] 李晔，刘奇，许时. 淀粉类多糖在方解石和萤石表面吸附特性及作用机理 [J]. 有色金属工程，1996（1）：26-30.
[46] 张亚辉，卢荫之，许时. 邻苯三酚在萤石—方解石浮选分离中的作用机理 [J]. 有色金属工程，1991（3）：24-29.
[47] 聂光华. 含氟矿物与含钙碳酸盐矿物选择性抑制及机理研究 [D]. 北京：北京科技大学，2016.
[48] 郑桂兵，黄国智. 萤石与方解石浮选分离抑制剂研究 [J]. 非金属矿，2002，25（5）：41-42.
[49] 宋韶博. 天然胶对三种典型含钙矿物的浮选抑制及机理研究 [D]. 长沙：中南大学，2014.
[50] 李继福，邬海滨，梁焘茂，等. 某低品位单一石英型萤石矿的可选性试验研究 [J]. 非金属矿，2017（4）：64-66.
[51] 谭琦，刘磊，刘新海，等. 石英型和方解石型萤石矿浮选工艺对比试验研究 [J]. 非金属矿，2015（3）：55-58.
[52] 张晓峰，朱一民，周菁，等. 细粒难选石英型萤石矿低温浮选试验研究 [J]. 有色金属（选矿部分），2015（2）：39-43.
[53] 钱玉鹏，朱兴月，贺壹城，等. 微细粒石英对萤石浮选特性的影响研究 [J]. 金属矿山，2017（1）：104-107.
[54] 许霞. DW-1 捕收剂低温浮选某石英型萤石矿的试验研究 [D]. 长沙：中南大学，2014.
[55] 宋建文，刘全军，高扬，等. 某高钙石英型萤石矿浮选试验研究 [J]. 非金属矿，2017（1）：50-53.
[56] 刘德志，张国范，陈伟，等. 改性油酸对某石英型萤石矿的浮选试验研究 [J]. 非金属矿，2017（4）：79-81.
[57] 曹占芳，钟宏，宋英，等. 遂昌萤石矿的工艺矿物学及其浮选性能 [J]. 中国矿业大学学报，2012，41（3）：439-445.
[58] 宋强，谢贤，童雄，等. 贵州某方解石型萤石矿浮选试验研究 [J]. 化工矿物与加工，2017（6）：10-13.
[59] 郭明杰，王延锋，简建军. 某白钨加温精选尾矿中萤石回收试验 [J]. 中国钨业，2017，32（1）：51-54.
[60] 张旺. 萤石与方解石浮选分离研究 [D]. 长沙：中南大学，2013.

[61] 张旺，张国范，陈文胜，等．某碳酸盐型萤石矿浮选工艺研究［J］. 有色金属（选矿部分），2014（4）：48-52.

[62] 蒋祥伟，郭衍哲，刘润清，等．从湖南某铅锌尾砂中回收萤石的选矿试验［J］. 金属矿山，2016，45（6）：86-89.

[63] 付长行，高惠民，喻福涛，等．湖南某重晶石-石英型萤石矿选矿试验研究［J］. 非金属矿，2014（5）：34-36.

[64] 宋春光，岳铁兵，张传祥，等．河南省某石英-重晶石型萤石矿选矿试验研究［J］. 矿产保护与利用，2017（2）：75-80.

[65] 李飞，刘殿文，章晓林，等．云南某萤石与重晶石共生矿选矿试验研究［J］. 矿冶，2017，26（2）：17-22.

[66] 李名凤．萤石与重晶石浮选分离试验研究［D］. 武汉：武汉理工大学，2013.

[67] 袁华玮，刘全军，张辉，等．云南某萤石与重晶石共生矿选矿工艺［J］. 过程工程学报，2015，15（5）：807-812.

[68] мельянеко，莫耀支．论绢云母的概念［J］. 地质地球化学，1983（4）：27-35.

[69] Silvester E J, Heyes G W, Bruckard W J, et al. The recovery of sericite in flotation concentrates［J］. Mineral Processing & Extractive Metallurgy, 2015, 120（1）：10-14.

[70] 陈建建．含云母方解石型萤石浮选试验研究［D］. 北京：中国矿业大学，2015.

[71] 伍喜庆，胡聪，李国平，等．萤石与金云母浮选分离研究［J］. 非金属矿，2012，35（3）：21-24.

[72] 邹朝章，徐静静．从浮选白钨尾矿中回收萤石［J］. 有色金属（选矿部分），1981（6）：60-61.

[73] Wilcox D C. Turbulence modeling for CFD［M］. DCW Industries, 2006.

[74] Qi R, Ng D, Cormier B R et al. Numerical Simulations of LNG vapor dispersion in brayton fire training field tests with ANSYS CFX［J］. Journal of Hazardous Materials, 2010, 183（1-3）：51-61.

[75] Koh P T L, Schwarz M P. CFD modelling of bubble-particle attachments in flotation cells［J］. Minerals Engineering, 2006, 19（6）：619-626.

[76] Jensen F. Introduction to Computational Chemistry［J］. J Wiley & Sons Ltd, 2013：27-34.

[77] Car R, Parrinello M. The unified approach for molecular dynamics and density functional Theory［C］. 1989.

[78] 孙传尧．硅酸盐矿物浮选原理［M］. 北京：科学出版社，2001.

[79] Ross V E. Determination of the contributions by true flotation and entrainment during the flotation process［J］. Proc Colloquium Developments in Froth Flotation, 1989（10）：20-35.

[80] 吴永云．淀粉在选矿工艺中的应用［J］. 国外金属矿选矿，1999（11）：26-30.

[81] A. L. 瓦尔帝维叶索，崔洪山，林森．在黄药作捕收剂浮选时用糊精作为黄铁矿的无毒抑制剂的研究［J］. 国外金属矿选矿，2004，41（11）：29-32.

[82] Неваева Л. М.，张兴仁．从铜-钼矿石中回收钼的工艺［J］. 矿产保护与利用，1983（1）：24-28.

[83] 李晔，刘奇．矿物表面金属离子组分与糊精的相互作用（Ⅲ）：糊精存在时萤石/方解石/萤石/金红石的浮选分离 [J]. 化工矿物与加工，1994 (6): 23-25.

[84] Yoon R H, Flinn D H, Rabinovich Y I. Hydrophobic Interactions between Dissimilar Surfaces [J]. Journal of Colloid & Interface Science, 1997, 185 (2): 363-370.

[85] Mittal K L. Contact angle, wettability and adhesion, volume 3 [M]. CRC Press, 2003.

[86] Hu Y, Jiang H, Wang D. Electrokinetic behavior and flotation of kaolinite in CTAB solution [J]. Minerals Engineering, 2003, 16 (11): 1221-1223.

[87] Fuerstenau D W, Pradip. Zeta potentials in the flotation of oxide and silicate minerals. [J]. Advances in Colloid & Interface Science, 2005, 114-115 (114-115): 9.

[88] Miller J D, Yalamanchili M R, Kellar J J. Surface charge of alkali halide particles as determined by laser-Doppler electrophoresis [J]. Langmuir, 1992, 8 (5): 1464-1469.

[89] Gao Z, Bai D, Sun W, et al. Selective flotation of scheelite from calcite and fluorite using a collector mixture [J]. Minerals Engineering, 2015, 72: 23-26.

[90] Miller J D, Fa K, Calara J V, et al. The surface charge of fluorite in the absence of surface carbonation [J]. Colloids & Surfaces A Physicochemical & Engineering Aspects, 2004, 238 (1-3):91-97.

[91] Pugh R, Stenius P. Solution chemistry studies and flotation behaviour of apatite, calcite and fluorite minerals with sodium oleate collector [J]. International Journal of Mineral Processing, 1985, 15 (3): 193-218.

[92] Liu Q, Wang Q, Xiang L. Influence of poly acrylic acid on the dispersion of calcite nano-particles [J]. Applied Surface Science, 2008, 254 (21): 7104-7108.

[93] Labidi N S, Djebaili A. Studies of the Mechanism of Polyvinyl Alcohol Adsorption on the Calcite/Water Interface in the Presence of Sodium Oleate [J]. Journal of Minerals & Materials Characterization & Engineering, 2008, 7 (2): 421-435.

[94] Ylikantola A, Linnanto J, Knuutinen J, et al. Molecular modeling studies of interactions between sodium polyacrylate polymer and calcite surface [J]. Applied Surface Science, 2013, 276 (4): 43-52.

[95] Anirudhan T S, Shainy F, Christa J. Synthesis and characterization of polyacrylic acid- grafted-carboxylic graphene/titanium nanotube composite for the effective removal of enrofloxacin from aqueous solutions: Adsorption and photocatalytic degradation studies. [J]. Journal of Hazardous Materials, 2017, 324 (Pt B): 117.

[96] Wang W, Ding Z, Cai M, et al. Synthesis and high-efficiency methylene blue adsorption of magnetic PAA/$MnFe_2O_4$ nanocomposites [J]. Applied Surface Science, 2015, 346: 348-353.

[97] Karageorgiou K, Paschalis M, Anastassakis G N. Removal of phosphate species from solution by adsorption onto calcite used as natural adsorbent [J]. Journal of Hazardous Materials, 2007, 139 (3): 447-452.

[98] Dove P M, Jr M F H. Calcite precipitation mechanisms and inhibition by orthophosphate: In situ

observations by Scanning Force Microscopy [J]. Geochimica Et Cosmochimica Acta, 1993, 57 (3): 705-714.

[99] Alexander M R, Payan S, Duc T M. Interfacial interactions of plasma-polymerized acrylic acid and an oxidized aluminium surface investigated using XPS, FTIR and poly (acrylic acid) as a model compound [J]. Surface & Interface Analysis, 2015, 26 (13): 961-973.

[100] Alexander M R, Wright P V, Ratner B D. Trifluoroethanol Derivatization of Carboxylic Acid-containing Polymers for Quantitative XPS Analysis [J]. Surface & Interface Analysis, 1996, 24 (3): 217-220.

[101] Lee H, Lee Y, Statz A R, et al. Substrate-Independent Layer-by-Layer Assembly by Using Mussel-Adhesive-Inspired Polymers [J]. Advanced Materials, 2008, 20 (9): 1619.

[102] 袁继祖，曹明礼．单宁酸在硅灰石和透辉石表面上吸附机理的光电子能谱研究 [J]. 硅酸盐学报，1992 (3): 280-285.

[103] Schubert H, Baldauf H, Kramer W, et al. Further development of fluorite flotation from ores containing higher calcite contents with oleoylsarcosine as collector [J]. International Journal of Mineral Processing, 1990, 30 (3-4): 185-193.

[104] Zhang Y, Song S. Beneficiation of fluorite by flotation in a new chemical scheme [J]. Minerals Engineering, 2003, 16 (7): 597-600.

[105] Somasundaran P, Agar G E. The zero point of charge of calcite [J]. Journal of Colloid & Interface Science, 1967, 24 (4): 433-440.

[106] Mishra S K. The electrokinetics of apatite and calcite in inorganic electrolyte environment [J]. International Journal of Mineral Processing, 1978, 5 (1): 69-83.

[107] Ricci A, Olejar K J, Parpinello G P, et al. Application of Fourier Transform Infrared (FTIR) Spectroscopy in the Characterization of Tannins [J]. Applied Spectroscopy Reviews, 2015, 50 (5): 407-442.

[108] Oo C W, Kassim M J, Pizzi A. Characterization and performance of Rhizophora apiculata mangrove polyflavonoid tannins in the adsorption of copper (Ⅱ) and lead (Ⅱ) [J]. Industrial Crops & Products, 2009, 30 (1): 152-161.

[109] Brosse N, Lan P, Pizzi A, et al. Condensed tannins from grape pomace: Characterization by FTIR and MALDI TOF and production of environment friendly wood adhesive [J]. Industrial Crops & Products, 2012, 40 (1): 13-20.

[110] Antoine M L, Simon C, Pizzi A. UV spectrophotometric method for polyphenolic tannin analysis [J]. Journal of Applied Polymer Science, 2004, 91 (4): 2729-2732.

[111] Cao N, Fu Y H, He J H. Mechanical properties of gelatin films cross-linked, respectively, by ferulic acid and tannin acid [J]. Food Hydrocolloids, 2007, 21 (4): 575-584.

[112] Ogata T, Nakano Y. Mechanisms of gold recovery from aqueous solutions using a novel tannin gel adsorbent synthesized from natural condensed tannin. [J]. Water Research, 2005, 39 (18): 4281.

[113] Yurtsever M, Sengil I A. Biosorption of Pb (Ⅱ) ions by modified quebracho tannin resin [J].

Journal of Hazardous Materials, 2009, 163 (1): 58-64.

[114] Yurtsever M E, Sengil I A. Adsorption of Cu (Ⅱ) and Cr (Ⅵ) from aqueous solutions by Quebracho tannin resins [J]. Environmental Engineering, 2008, 44 (6): 630-638.

[115] Geffroy C, Foissy A, Persello J, et al. Surface Complexation of Calcite by Carboxylates in Water [J]. Journal of Colloid & Interface Science, 1999, 211 (1): 45.

[116] Dehayes L J, Busch D H. Conformational studies of metal chelates. I. Intra-ring strain in five-and six-membered chelate rings [J]. Inorganic Chemistry, 1973, 12 (7): 1505-1513.

[117] Barbucci R, Paoletti P, Vacca A. Stability of some transition metal ion complexes with a linear aliphatic triamine potentially forming a five-membered chelate ring fused with a seven-membered chelate ring. 1, 4, 9-Triazanonane (2, 4-tri). Ⅱ [J]. Inorganic Chemistry, 1975, 14 (2): 302-305.

[118] Xin H, Li L, Liao X, et al. Preparation of platinum nanoparticles supported on bayberry tannin grafted silica bead and its catalytic properties in hydrogenation [J]. Journal of Molecular Catalysis A. Chemical, 2010, 320 (1): 40-46.

[119] Mao H, Ma J, Liao Y, et al. Using plant tannin as natural amphiphilic stabilizer to construct an aqueous-organic biphasic system for highly active and selective hydrogenation of quinoline [J]. Catalysis Science & Technology, 2013, 3 (6): 1612-1617.

[120] Chen X, Li G, Lian J, et al. Study of the formation and growth of tannic acid based conversion coating on AZ91D magnesium alloy [J]. Surface & Coatings Technology, 2009, 204 (5): 736-747.

[121] Wang J, Zheng C, Ding S, et al. Behaviors and mechanisms of tannic acid adsorption on an amino-functionalized magnetic nanoadsorbent [J]. Desalination, 2011, 273 (2): 285-291.

[122] 王淀佐，胡岳华. 浮选溶液化学 [M]. 长沙：湖南科学技术出版社，1988.

[123] 牟学春. 栲胶与四价钒离子络合性质的研究 [D]. 太原：太原理工大学，2009.

[124] 高竹青. 金属钒离子与栲胶配位作用的研究 [D]. 太原：太原理工大学，2013.

[125] Kitatsuji Y, Okugaki T, Kasuno M, et al. Standard Gibbs free energies for transfer of actinyl ions at the aqueous/organic solution interface [J]. Journal of Chemical Thermodynamics, 2011, 43 (6): 844-851.

[126] Hintermeyer, Lacour B H, Padilla N A P, et al. Separation of the chromium (Ⅲ) present in a tanning wastewater by means of precipitation, reverse osmosis and adsorption [J]. Latin American applied research Pesquisa aplicada latino americana = Investigacio'n aplicada latinoamericana, 2008, 38 (1): 63-71.

[127] Hu Y, Xu J, Qiu G, et al. Effects of dissolved mineral species on the surface chemical characteristic, electrokinetic property and flotation behavior of fluorite and scheelite [J]. Journal of Central South University of Technology, 1994, 1 (1): 63-67.

[128] Jia R, Shi H, Borstel G. The atomic and electronic structure of CaF_2 and BaF_2 crystals with H centers: a hybrid DFT calculation study [J]. Journal of Physics Condensed Matter An Institute of Physics Journal, 2010, 22 (5): 55501.

[129] Gao Z Y, Sun W, Yue-Hua H U, et al. Anisotropic surface broken bond properties and wettability of calcite and fluorite crystals [J]. Transactions of Nonferrous Metals Society of China, 2012, 22 (5): 1203-1208.

[130] Hagerman A E. Hydrolyzable Tannin Structural Chemistry [J]. 2010.

[131] 周凌锋，张强．气泡尺寸变化对微细粒浮选效果的研究 [J]. 有色金属（选矿部分），2005 (3): 21-23.

[132] 陆英，李洪强，冯其明．绢云母的夹带行为及其控制 [J]. 中南大学学报（自然科学版），2015 (1): 20-26.

[133] 张义，王永田，邢耀文，等．煤泥浮选固体和水的回收特性研究 [J]. 矿山机械，2015 (9): 100-105.

[134] Koh P T L, Smith L K. The effect of stirring speed and induction time on flotation [J]. Minerals Engineering, 2011, 24 (5): 442-448.

[135] Chakraborty D, Guha M, Banerjee P K. Cfd simulation on influence of superficial gas velocity, column size, sparger arrangement, and taper angle on hydrodynamics of the column flotation cell [J]. Chemical Engineering Communications, 2009, 196 (9): 1102-1116.

[136] Qiu Y, Yu Y, Zhang L, et alz. An Investigation of Reverse Flotation Separation of Sericite from Graphite by Using a Surfactant: MF [J]. Minerals, 2016, 6 (3): 57.

[137] Li H, Feng Q, Yang S, et al. The entrainment behaviour of sericite in microcrystalline graphite flotation [J]. International Journal of Mineral Processing, 2014, 127 (2): 1-9.

[138] Tian J, Gao H, Guan J, et al. Modified floc-flotation in fine sericite flotation using polymethylhydrosiloxane [J]. Separation & Purification Technology, 2017, 174: 439-444.

[139] Raju G B, Holmgren A, Forsling W. Complexation mechanism of dextrin with metal hydroxides* [J]. Journal of Colloid & Interface Science, 1998, 200 (1): 1-6.

[140] Liu Q, Laskowski J S. The interactions between dextrin and metal hydroxides in aqueous solutions [J]. Journal of Colloid & Interface Science, 1989, 130 (1): 101-111